本书由西南大学多孔碳酸盐岩地区碳酸盐岩科研ERP研究
（编号：F2022405）项目资助。

基于GeoAgent的重庆碳酸盐岩地区气候变化研究

匡鸿海 著

西南大学出版社
SWUP
国家一级出版社 全国百佳图书出版单位

图书在版编目(CIP)数据
基于GeoAgent的重庆碳酸盐岩地区气候变化研究 / 匡鸿海著. -- 重庆 : 西南大学出版社, 2025. 5.
ISBN 978-7-5697-2841-5
Ⅰ. P467
中国国家版本馆CIP数据核字第2025PM0852号

基于GeoAgent的重庆碳酸盐岩地区气候变化研究

JIYU GeoAgent DE CHONGQING TANSUANYANYAN DIQU QIHOU BIANHUA YANJIU

匡鸿海 著

责任编辑 | 郑祖艺
责任校对 | 蒋云琪
封面设计 | 四川小树成荫教育科技有限公司
排　　版 | 吕书田
出版发行 | 西南大学出版社(原西南师范大学出版社)
地　　址 | 重庆市北碚区天生路2号
邮　　编 | 400715
电　　话 | 023-68868624
印　　刷 | 重庆正文印务有限公司
成品尺寸 | 170 mm×240 mm
印　　张 | 10.25
字　　数 | 179千字
版　　次 | 2025年5月 第1版
印　　次 | 2025年5月 第1次印刷
书　　号 | ISBN 978-7-5697-2841-5
定　　价 | 49.00元

前言

碳酸盐岩地区的气候变化研究是气候变化研究的重要组成部分，对全球或局部地区的气候变化研究有着重要的意义，值得碳酸盐岩研究人员重视。碳酸盐岩地区的气候变化研究将石笋、岩溶沉积物等作为研究依据，取得了良好的效果。碳酸盐岩地区采集的碳酸盐岩样品，都有自己的碳酸盐岩岩石孔隙度或岩溶发育速度，它们都是可信的碳酸盐岩地区气候变化研究的依据。碳酸盐岩的岩石孔隙度或岩溶发育速度可以通过传统碳酸盐岩研究方法（traditional carbonate research method,TCRM）获得，也可以通过地学人工智能 GeoAgent 技术获得。因此，GeoAgent 技术在碳酸盐岩地区气候变化研究中有着重要的应用前景，是本书的重要创新，作者希望 GeoAgent 技术能在碳酸盐岩地区气候变化研究中得到广泛应用。本书由西南大学多孔碳酸盐岩地区碳酸盐岩科研 ERP 研究（编号：F2022405）项目资助。

目录

第一章 绪论

一、研究意义

在基础研究中，气候变化研究对人类生存有着重要意义，是非常重要的研究领域。气候变化研究可以通过多种方式来进行，例如利用珊瑚、黄土和树轮等研究全球或局部地区的气候变化，取得了丰硕的成果。气候变化研究和碳酸盐岩地区的岩溶研究是密切相关的。碳酸盐岩地区的岩溶研究是气候变化研究的重要组成部分，其研究成果可能会对全球或局部地区的气候变化研究产生重大影响。对于碳酸盐岩地区而言，气候变化会引起碳酸盐岩地区的岩溶作用速度变化，对碳酸盐岩地区的岩溶发育速度和岩溶地貌有明显的影响。如果要在碳酸盐岩地区进行项目建设，就必须了解碳酸盐岩地区的不同地层在不同地质时期内的气候变化与碳酸盐岩岩溶作用之间的关系，并在环境影响报告书中有依据地说明该碳酸盐岩地区气候变化对项目建设的影响。

碳酸盐岩地区气候变化与碳酸盐岩岩溶作用之间的关系对碳酸盐岩的岩石孔隙度、岩溶微生物群落特征等有明显的影响，对碳酸盐岩地区的岩溶作用研究具有重要的意义，会直接影响诸如碳酸盐岩地层的单轴抗压强度等与项目建设密切相关的碳酸盐岩研究指标。一些岩溶研究学者认为碳酸盐岩地区的气候变化研究属于基础研究，但实际上，碳酸盐岩地区的气候变化研究也有着重要的工程应用意义。在了解以往地质时期碳酸盐岩地区气候变化与碳酸盐岩岩溶作用之间的关系的基础上，碳酸盐岩地区气候变化研究可以帮助研究者预测碳酸盐岩地区岩溶作用的变化趋势，对碳酸盐岩地区的岩溶发育速度做出预测，对未来某一时间段内碳酸盐岩地层的单轴抗压强度变化进行有效预测，这对碳酸盐岩地区的工程安全具有重要意义。因此，碳酸盐岩地区的气候变化研究是能够带来经济效益与社会效益的研究领域。

针对碳酸盐岩地区气候变化的研究有很多，其中，利用石笋和岩溶沉积物进行碳酸盐岩地区气候变化研究是比较常见的研究手段，为碳酸盐岩地区气候变化研究积累了研究经验，也为其他技术应用于碳酸盐岩地区气候变化研究奠定了良好的基础。但利用石笋研究碳酸盐岩地区气候变化的前提是在碳酸盐岩地区能找到适用于研究的石笋，可以进行合法的石笋采集，并有足够的经费支持。在很多国家，碳酸盐岩地区的石笋采集是受到法律限制的，不能随意采集,因此,石笋样本的获取有时是非常困难的。如果无法在碳酸盐岩地区获取到合适的石笋样本,就难以利用石笋进行气候变化研究。利用岩溶沉积物进行碳酸盐岩地区的气候变化研究与利用石笋类似,必须先在碳酸盐岩地区找到合适的岩溶沉积物样本,且样本的采集须合法,若无法获取合适的样本就难以开展研究。同时,利用岩溶沉积物进行的碳酸盐岩地区气候变化研究,也对研究经费有一定的要求。

碳酸盐岩地区面向工程应用的气候变化研究与纵向项目(气候变化基础研究)的研究周期有很大的不同,前者对研究时间的要求更高。有的碳酸盐岩地区的工程项目建设周期仅五六年,无法做到用三四年的时间进行前置的碳酸盐岩地区气候变化研究。这就要求研究者能够高效地进行碳酸盐岩地区的气候变化研究,并且应保证得到的研究结果是可信的、有依据的。通常来说,碳酸盐岩地区面向工程应用的气候变化研究的经费支持力度比不上纵向项目,经费来源也不像纵向项目那么稳定,所以这类面向工程应用的研究项目不一定能负担得起基于石笋或岩溶沉积物进行的碳酸盐岩地区气候变化研究。因此,需要寻找一种可替代的研究方法,使碳酸盐岩地区气候变化研究的周期更短、成本更低,以满足碳酸盐岩地区经济建设的需要。

本研究在重庆碳酸盐岩地区选择的研究区面积不大,不一定能找到合适的石笋和岩溶沉积物,因此,不一定能够满足基于石笋和岩溶沉积物的碳酸盐岩地区气候变化的研究需求。同时,研究区面积不大意味着在历史文献中找到具有说服力的气候变化记录是一件较困难的事情,只能从公开发表的碳酸盐岩地区气候变化研究论文或图书中寻找与研究区邻近地区的气候变化研究成果作为参考。而碳酸盐岩地区的工程建设往往是有时间要求的,很难像基础研究那样花费几年时间进行气候变化研究。因此,本研究以期找到一种针对碳酸盐岩地区气候变化的研究方法,该方法对研究区面积和研究经费的要求不高,并且能够在尽可能短的时间内得到较为准确的研究结果,使之得到推广应用。

GeoAgent是人工智能领域的智能体Agent和地理信息领域相结合的产物,是人工智能应用于地球科学(简称“地学”)领域的重要技术,在很多研究中都得到了良好的应用,也可以用于碳酸盐岩地区的气候变化研究。基于

GeoAgent技术进行的碳酸盐岩地区气候变化研究属于信息科学与地球科学的交叉研究领域，它对研究区面积和研究经费的要求基本能符合本研究的需求，是很好的碳酸盐岩地区新的气候变化研究手段，是碳酸盐岩地区气候变化研究方法的重要创新。因此，必须重视基于GeoAgent进行的碳酸盐岩地区气候变化研究，重视将新的信息科学理论研究进展与碳酸盐岩研究技术相结合，丰富碳酸盐岩地区气候变化研究方法。本研究希望能通过面向信息科学与地球科学交叉研究领域的碳酸盐岩地区气候变化研究，得到新的气候变化研究手段，实现碳酸盐岩地区气候变化研究的理论创新。

(一)为什么要进行基于GeoAgent的碳酸盐岩地区气候变化研究?

全国不同地区的碳酸盐岩空间分布具有显著差异。西南地区的碳酸盐岩整体分布面积比较大，石笋和岩溶沉积物的搜集相对容易。其中，重庆地区的碳酸盐岩分布较广，适合以石笋和岩溶沉积物为研究样本开展气候变化研究。

本研究希望找到不同于以石笋和岩溶沉积物为研究样本的碳酸盐岩地区气候变化研究方法，形成全新的以碳酸盐岩岩石玻片为研究样本的气候变化研究方法。所以，本研究在重庆碳酸盐岩地区进行气候变化研究时，非常重视碳酸盐岩岩石玻片的图像分析。

气候变化研究对象的不同(如全球气候变化、中国西南地区气候变化等)会影响研究区的选择，造成研究区面积的差异。如果在研究区采集的碳酸盐岩样本数量较少，其气候变化研究对象通常是碳酸盐岩样本采集点附近的点状或岛状区域，且需要有相应的地层信息作为构建气候变化曲线的时间依据。所以，以碳酸盐岩岩石玻片为研究样本的气候变化研究区，应该是呈点状或岛状分布的。为了增加本研究的研究结果对以石笋和岩溶沉积物为研究样本的气候变化研究结果的响应程度，这些呈点状或岛状分布的碳酸盐岩研究区必须达到一定的数量，以保证本研究的研究成果足以覆盖重庆地区。

重庆的碳酸盐岩地区内有一些带状或条状的地物，如山脉等，如果要使用本研究方法，需要将这些地物所经过的地区细化为点状或岛状的碳酸盐岩研究区(带状或条状地物途经的非碳酸盐岩地区的气候变化趋势，应采用其他的研究方法)。这种呈点状或岛状分布的碳酸盐岩地区的气候变化研究,其研究区面积一般是比较小的。在传统的碳酸盐岩地区气候变化研究中,以石笋、岩溶沉积物等为样本的研究手段难以在呈点状或岛状分布的碳酸盐岩工程区域进行类似的重复研究。这是因为在呈点状或岛状分布的碳酸盐岩地区较难获得石笋和岩溶沉积物等样本(有时在较小的研究区内也能找到合适的岩溶沉积物等作为研究样本,但这种情况并不普遍,即使找到样本也不一定有足够的经费来支撑研究)。由于本研究选择的点状或岛状研究区的面积比大多数气候变化研究的研究区面积小,碳酸盐岩地层信息一般比较容易获得(也有例外的情况),其地层信息大多有公开发表的研究成果可供使用,这为碳酸盐岩地区气候变化研究中常见的时间轴研究奠定了良好的基础。

分散的呈点状或岛状分布的碳酸盐岩地区的气候变化情况,可以比较直观地反映整个重庆碳酸盐岩地区的气候变化情况,可以为这些点状或岛状研究区未来的气候变化趋势,特别是未来三十年的气候变化趋势提供很好的预测依据。由于碳酸盐岩地区的岩溶作用和气候变化是密切相关的,碳酸盐岩地区未来的气候变化(特别是未来三十年的气候变化)研究成果,对碳酸盐岩地区未来的岩溶发育情况(特别是未来三十年的岩溶发育情况)具有重要的研究意义。这一点与其他气候变化研究有明显的不同,本研究重点关注碳酸盐岩地区点状或岛状研究区未来三十年的气候变化趋势,在此基础上判断未来三十年碳酸盐岩岩溶发育速度的变化是加快还是减缓。

出于岩石鉴定的需要,这些碳酸盐岩地区的点状或岛状研究区往往会有很多已经加工好的碳酸盐岩岩石玻片。借助偏光显微镜获得这些碳酸盐岩岩石玻片图像的经济成本和时间成本都不高,可以快速得到可用于碳酸盐岩地区气候变化研究的岩石图像。本研究将这些来源于碳酸盐岩岩石玻片的岩石图像作为气候变化研究的样本,利用GeoAgent获得碳酸盐岩的岩溶发育速度曲线,由此得到研究区未来岩溶发育速度的变化趋势。

本研究选取呈点状或岛状分布的研究区进行基于GeoAgent的碳酸盐岩地区气候变化研究,主要原因是研究区的碳酸盐岩岩石玻片数量有保证,但这并不意味着该研究方法不能应用于大面积连片分布的碳酸盐岩地区。如果连片分布的碳酸盐岩地区地层数据完整,有一定的碳酸盐岩岩石玻片存量积累,且曾利用传统碳酸盐岩研究方法(traditional carbonate research methods,TCRM)进行过碳酸盐岩岩石孔隙度和岩溶发育速度研究,那么其也是很理想的基于GeoAgent的碳酸盐岩地区气候变化研究的研究区域。笔者也尝试过在重庆以外的碳酸盐岩连片分布的地区进行基于GeoAgent的碳酸盐岩地区气候变化研究,从公开发表的研究成果来看,重庆碳酸盐岩地区可以采用的此类研究成果较多,为本研究提供了良好的参考。

由于笔者曾在呈点状或岛状分布的碳酸盐岩地区进行过基于图像分析技术的岩溶研究,发现有比较丰富的碳酸盐岩岩石玻片,因此通过偏光显微镜采集到的碳酸盐岩偏光显微图像较多,这些碳酸盐岩偏光显微图像是很好的气候变化研究样本。通常,在碳酸盐岩地区气候变化研究中,很大一部分研究经费主要用于石笋或岩溶沉积物等研究样本的获取,而在呈点状或岛状分布的碳酸盐岩地区,由于其他研究的需要已经积累了碳酸盐岩偏光显微图像,因此获取气候变化研究样本的成本显著降低。

呈点状或岛状分布的碳酸盐岩地区气候变化研究不仅可以通过岩溶研究来进行,而且以岩芯等为研究手段的气候变化研究成果也有很多,即在此类碳酸盐岩地区进行的气候变化研究是有可供参照的其他成果来进行对比研究的。利用碳酸盐岩偏光显微图像可以进行呈点状或岛状分布的碳酸盐岩地区气候变化研究,可以在研究中广泛地使用图像分析技术。本研究采用的在呈点状或岛状分布的碳酸盐岩地区获得的碳酸盐岩岩石图像,图像分辨率一般都满足图像处理与GeoAgent的研究需要,为基于GeoAgent的碳酸盐岩地区气候变化研究提供了很好的数据支撑。

近年来,人工智能在信息科学领域取得了长足的发展,在地学领域也得到了广泛应用,形成了独特的GeoAgent,该技术对碳酸盐岩地区气候变化研究有着极大的促进作用。在图像分析研究进展中,人工智能技术在图像分析领域取得了很大的进展,因此,人工智能技术也可以在基于碳酸盐岩偏光显微图像的气候变化研究中得到广泛应用。人工智能是研究范围很广的领域,它与地学研究相结合而成的GeoAgent研究在气候变化研究领域有很好的研究前景。近年来,以ChatGPT(Chat Generative Pre-trained Transformer)为代表的人工智能技术在地学分析中的应用也有比较好的前景,有更新GeoAgent学术定义的可能,对GeoAgent的应用领域有很大扩展。所以,基于GeoAgent的碳酸盐岩地区气候变化研究有着良好的学术前景。

(二)什么是基于GeoAgent的碳酸盐岩地区气候变化研究?

既然碳酸盐岩地区气候变化研究的依据和手段有很多,那为什么不使用传统的碳酸盐岩地区气候变化研究技术,而使用新兴的GeoAgent技术呢?和传统的利用石笋等进行的碳酸盐岩地区气候变化研究相比,基于GeoAgent的碳酸盐岩地区气候变化研究又具有哪些优势?本研究进行的基于GeoAgent的碳酸盐岩地区气候变化研究,即在重庆碳酸盐岩地区选择的呈点状或岛状分布的研究区内,选取已明确碳酸盐岩地层信息的碳酸盐岩样品采样点,搜集碳酸盐岩样品,将之加工为岩溶研究所需要的碳酸盐岩试件和玻片,或者利用以往基于传统方法研究时留存的碳酸盐岩试件和玻片,使用偏光显微镜获得碳酸盐岩岩石图像,借助图像处理软件将岩石图像进行预处理后转为标准图像格式,结合GeoAgent技术进行碳酸盐岩地区的气候变化研究,得到碳酸盐岩岩石孔隙度和岩溶发育速度。

本研究在对碳酸盐岩地区以往研究资料进行自然语言形式化的基础上,建立基于有穷自动机的GeoAgent算法模型。将利用GeoAgent得到的研究结果与利用传统碳酸盐岩研究方法得到的碳酸盐岩岩石孔隙度和岩溶发育速度进行对比,以利用传统碳酸盐岩研究方法得到的碳酸盐岩岩石孔隙度和岩溶发育速度为目标逼近值,通过逐步逼近的方式实现GeoAgent的算法迭代,从而建立在碳酸盐岩地区用于气候变化研究的GeoAgent算法模型,得到碳酸盐岩样品的岩石孔隙度和岩溶发育速度,并在此基础上构建碳酸盐岩地区的气候变化曲线。

在建立GeoAgent算法模型后,对碳酸盐岩的岩石图像进行腐蚀或膨胀等图像处理,将岩石图像转为以黑白呈现的二值图像,以统计黑白像素点占总像素点百分比的方式获得基于GeoAgent的碳酸盐岩岩石孔隙度。基于GeoAgent对不同时间点的碳酸盐岩岩石图像进行处理,得到各时间点的碳酸盐岩岩石孔隙度,结合岩石图像的采样时间间隔,进而计算出碳酸盐岩的岩溶发育速度。再将通过GeoAgent技术得到的岩石孔隙度、岩溶发育速度,与利用传统碳酸盐岩研究方法得到的岩石孔隙度、岩溶发育速度进行对比，或与公开发表的论文和著作中邻近地区的碳酸盐岩岩石孔隙度、岩溶发育速度进行对比，以此判定基于GeoAgent得到的碳酸盐岩岩石孔隙度、岩溶发育速度是否可信。

基于GeoAgent得到的碳酸盐岩样本的岩石孔隙度、岩溶发育速度，不应该违背碳酸盐岩地区岩溶研究的常识。把基于GeoAgent得到的碳酸盐岩岩石孔隙度、岩溶发育速度，与利用传统碳酸盐岩研究方法得到的碳酸盐岩单轴抗压强度、岩溶微生物等方面的研究成果进行对比鉴别，就可以剔除不可信的基于GeoAgent得到的碳酸盐岩岩石孔隙度值和岩溶发育速度值。也就是说，基于GeoAgent得到的碳酸盐岩岩石孔隙度和岩溶发育速度不应该与碳酸盐岩单轴抗压强度研究、岩溶微生物研究的结果矛盾，只有这样的岩石孔隙度、岩溶发育速度才能用于构建碳酸盐岩地区的气候变化曲线。将碳酸盐岩的岩石孔隙度或岩溶发育速度按碳酸盐岩地层顺序排列后，在坐标系中构建碳酸盐岩地区气候变化曲线，以横轴表示时间，以纵轴表示气候变化值。

本研究搜集了重庆碳酸盐岩地区公开发表的气候变化研究相关论文，利用这些气候变化研究数据绘制重庆碳酸盐岩地区气候变化曲线，并将其作为目标逼近的标准气候变化曲线。在此基础上，进行GeoAgent算法模型的迭代，以改变GeoAgent算法模型输出碳酸盐岩岩石孔隙度、岩溶发育速度的方式，实现碳酸盐岩地区气候变化曲线的迭代。在利用GeoAgent获得碳酸盐岩岩石孔隙度或岩溶发育速度并构建气候变化曲线后，选择合适的数学方法对气候变化曲线进行拟合，增加碳酸盐岩地区气候变化曲线的节点密度。

本研究希望能进一步拓展碳酸盐岩地区岩溶研究的内容，将碳酸盐岩地区岩溶研究与碳酸盐岩地区气候变化研究相结合。随着人工智能技术的发展，本研究也希望通过将GeoAgent技术应用于岩溶研究和气候变化研究中的尝试，得到基于GeoAgent技术的碳酸盐岩地区气候变化曲线，特别是碳酸盐岩地区特定地层的气候变化曲线。

在上述GeoAgent算法模型的基础上，本研究希望能完善具有输入、输出功能的地学人工智能体，该智能体能将移动设备或桌面设备作为终端设备来运行，用户可将计算任务放到“云”上，通过移动设备或桌面设备提交碳酸盐岩玻片图像或岩石图像，在“云”上完成碳酸盐岩岩石孔隙度和岩溶发育速度的计算，将计算结果显示于移动设备或桌面设备，经用户确认后写入数据库以备将来使用。

将GeoAgent应用于碳酸盐岩研究领域，是碳酸盐岩研究中比较新的技术手段。在更深入的研究中，GeoAgent在碳酸盐岩研究领域可能会有进一步的拓展应用，从而实现碳酸盐岩研究的自动化、智能化，有效地提高碳酸盐岩研究效率，降低碳酸盐岩研究成本，拓展新的碳酸盐岩研究领域。GeoAgent在碳酸盐岩研究领域的应用属于地学与计算机科学的交叉应用，它可能会改变碳酸盐岩研究的形式，对碳酸盐岩地区气候变化研究具有促进作用，与碳酸盐岩地区传统的利用石笋、岩溶沉积物进行的气候变化研究相比，这种应用研究具有明显的优势。

（三）进行基于GeoAgent的碳酸盐岩地区气候变化研究时要注意什么？

碳酸盐岩地区的气候变化研究有很多成熟的研究成果，这为利用GeoAgent技术进行碳酸盐岩地区气候变化研究提供了很好的示范。利用历史典籍、石笋和岩溶沉积物等都可以进行碳酸盐岩地区的气候变化研究，这为基于GeoAgent的碳酸盐岩地区气候变化研究奠定了良好的基础。需要说明的是，进行碳酸盐岩地区气候变化研究的学者往往具有理工学科背景，很容易忽视历史典籍中关于气候变化的记载。以石笋等为研究依据的碳酸盐岩地区气候变化研究，证明了碳酸盐岩地区的岩溶研究和气候变化研究是相关的，这为基于GeoAgent的碳酸盐岩地区气候变化研究提供了良好的理论依据。基于GeoAgent的碳酸盐岩地区气候变化研究是碳酸盐岩地区气候变化研究的重要创新，因此，在研究过程中要注意研究方法和研究理论的创新性，尽可能在GeoAgent算法模型创新方面做出一定成果。

笔者在和其他相关研究人员进行交流时，最常被问到的问题是：GeoAgent算法模型是如何获得碳酸盐岩的岩溶发育速度的？所以，利用GeoAgent技术进行碳酸盐岩地区气候变化研究时，要注意相关原理的解释，在呈现研究成果时要阐明GeoAgent能用于碳酸盐岩地区气候变化研究的原理。利用GeoAgent技术进行碳酸盐岩地区气候变化研究，不是要取代传统的碳酸盐岩研究方法，要注意获得其他碳酸盐岩研究人员的支持，要注意保持与以石笋等为研究依据的碳酸盐岩地区气候变化研究人员之间的交流。在与这些学者进行交流时，要注意把控对GeoAgent算法模型的介绍切入点，可多从碳酸盐岩岩石图像转为二值图像后获得碳酸盐岩样本的岩石孔隙度和岩溶发育速度的过程切入，力争在较短时间的介绍后就能获得其他碳酸盐岩研究人员的理解与回应。

在利用GeoAgent技术进行碳酸盐岩地区气候变化研究时，要注意从以往的碳酸盐岩研究成果中寻找资源，比如搜集以往碳酸盐岩研究中剩余的碳酸盐岩样品、玻片和查找碳酸盐岩企业资源计划(carbonate enterprise resource planning，CERP)中的岩溶研究历史记录等。利用GeoAgent技术进行气候变化研究时，要注意算法推导的逻辑递进，同时，要注意与CERP的结合，要充分利用CERP中现有的碳酸盐岩研究记录。CERP是重要的碳酸盐岩研究数据库，基于GeoAgent的碳酸盐岩地区气候变化研究应注意运用GeoAgent中的数据挖掘、机器学习等技术，以充分发挥现有碳酸盐岩研究数据的作用。在CERP的开发过程中，它可能已经应用了一些机器学习技术，因此，在利用GeoAgent技术进行碳酸盐岩地区气候变化研究时，要注意地学人工智能体与CERP的相互匹配，二者的结合可以提高研究成果的准确率。

GeoAgent算法模型的创新研究比较适合学术型硕士研究生进行，所以在基于GeoAgent的碳酸盐岩地区气候变化研究中，要注意倾听学术型硕士研究生的建议。一些学术型硕士研究生比较年轻，思维活跃，有良好的创新性，是基于GeoAgent的碳酸盐岩地区气候变化研究中不可缺少的人才。因此，在研究中，应该尊重他们的发言，即使他们说得不对，也应该以表扬、鼓励为主，再以恰当的方式指出其中的错误；在团队合作中，要让他们尽可能多地提出自己的观点，以供研究团队参考。

在基于GeoAgent的碳酸盐岩地区气候变化研究中，要关注人工智能技术的最新进展，仔细分析能否将这些新进展应用到现有的研究中；要关注图像处理技术的最新进展，尽可能地将新的图像分析技术与GeoAgent技术结合起来，形成碳酸盐岩地区气候变化研究中的技术创新；要注意与基于传统碳酸盐岩研究方法的研究成果进行对比分析，基于GeoAgent的碳酸盐岩地区气候变化研究结果不应该与之矛盾;要注意对代码托管网站中开放源代码资源的使用,碳酸盐岩地区气候变化研究中使用的GeoAgent算法模型,可以尽可能地以开放源代码资源的方式来实现;要注意使用MATLAB、SCILAB等算法工具软件,尽量减少实现算法所需要的代码编程步骤;要注意与其他相关研究人员的学术交流,多沟通、多合作(在符合保密规定的前提下),共同促进GeoAgent技术在碳酸盐岩地区气候变化研究中的应用,尽可能地促使其他相关研究人员接受GeoAgent技术。

二、国内外研究进展

(一)国内研究现状

Zeng等人(2019)研究了全球碳酸盐岩风化形成的碳汇通量对气候和土地利用变化的敏感性,这说明了碳酸盐岩对气候变化有重要影响。张振球等人(2023)研究了贵州石笋记录的中晚全新世东亚夏季风变化,翟秀敏等人(2020)研究了陕西地洞河高分辨率石笋记录的DO18季风增强事件,杨少华等人(2017)进行了基于EEMD方法的全新世亚洲季风石笋氧碳同位素对比研究,张伟宏等人(2020)研究了末次冰盛期东亚夏季风变化的重庆石笋记录,这些研究说明以石笋为研究对象的碳酸盐岩研究技术可以用于气候变化研究。

王丽等人(2004)研究了岩溶沉积物的古气候记录,任增莹等人(2016)研究了贵州威宁麻窝山岩溶盆地沉积物中黏土矿物特征及其古气候指示意义,韦若梅等人(2021)进行了广西八仙天池表层沉积物中磁性矿物源-汇过程探讨,这些研究说明以岩溶沉积物为研究对象的碳酸盐岩研究技术可以用于碳酸盐岩地区气候变化研究。

陈碧辉等人(2006)研究了温室气体源汇及其对气候的影响,杨文莉等人(2021)进行了安徽巢湖凤凰山晚古生代大冰期沉积特征与碳同位素变化研究,这些研究说明以岩溶碳循环为研究对象的碳酸盐岩研究技术可以用于碳酸盐岩地区气候变化研究。

李汇文等人(2019)进行了气候变化及生态恢复对喀斯特槽谷碳酸盐岩风化碳汇的影响评估,张威等人(2022)研究了辽东半岛全新世沉积物记录的古气候变化,王玲等人(2007)研究了重庆岩溶区气候变化对水文水资源的影响,从这些研究可以看出碳酸盐岩地区的气候变化研究的重要意义。

舒强等人(2008)研究了苏北盆地末次间冰期以来的气候变化记录,程瑜等人研究了苏北盆地TZK9孔磁性地层及重矿物组合特征,这些研究都为本研究提供了良好的苏北地区气候变化研究参考。

董少群等人(2022)研究了致密碳酸盐岩储集层裂缝智能预测方法,曾丽丽等人(2022)研究了基于注意力机制的碳酸盐岩储层岩相识别方法,罗发强等人(2022)研究了基于BP和LSTM神经网络的顺北油田5号断裂带地层孔隙压力智能预测方法,这些研究体现了人工智能技术应用在碳酸盐岩研究中的必要性。

赵华伟等人(2019)研究了基于细胞自动机的碳酸盐岩沉积模拟,岳文正等人(2011)研究了碳酸盐岩岩电特性数字岩心仿真,这些研究体现了自动机技术在岩溶研究中的可能性。

(二)国外研究现状

Hengstum等人(2019)研究了冰河时代以来岩洞栖息地和岩溶地下河口的发展,Čejka等人(2020)研究了气候变化对欧洲经济作物的影响,Homann等人(2022)研究了气候变化对加利福尼亚州的影响,这些研究体现了气候变化研究的重要意义。

Treble等人(2022)研究了氧同位素在气候变化研究中的作用,Wright等人(2023)用多种手段进行了墨西哥气候变化研究,这些研究说明可以利用多种方法进行气候变化研究。

Jaqueto等人(2022)利用石笋进行了南美洲气候变化研究,Baker等人(2015)利用石笋进行了北大西洋气候变化研究,Columbu等人(2020)利用石笋研究了在意大利南部尼安德特人与现代人迁徙期间的气候变化,这些研究说明可以在碳酸盐岩地区利用石笋进行气候变化研究。

Woodhead等人(2019)研究了碳酸盐岩地区洞穴气候变化,Ayliffe等人

(2013)研究了季风与气候变化的关系，这些研究说明碳酸盐岩地区的气候变化可能受到很多因素的影响。

Sánchez-Fernández等人(2021)研究了地下生态系统对气候变化的响应，Huguet等人(2018)研究了石笋和冰川气候变化之间的关系，Sinha等人(2015)研究了近2000年来印度降雨与气候变化的关系，这些研究说明了气候变化会对人类社会产生影响。

Waring等人(2017)研究了洞穴甲烷的季节性变化，Spötl等人(2023)研究了冰川气候变化与碳酸盐岩洞穴的关系，这些研究说明了气候变化研究可以通过多种研究指标来进行。

Overpeck等人(1989)研究了末次消冰期环北大西洋地区的气候变化，Mahdian等人(2023)研究了湿地气候变化，Pillet等人(2022)研究了气候变化对生物多样性的影响，这些研究体现了气候变化对环境和生物多样性的影响。

Outhwaite等人(2022)研究了气候变化和农业的关系，Blattert等人(2023)研究了欧洲森林工业和气候变化的关系，这些研究体现了气候变化和人类经济活动是密切相关的。

(三)国内外研究现状评述

从国内外研究现状来看，国外学者在利用石笋微层、同位素测年等进行碳酸盐岩地区气候变化研究方面有比较好的研究先例，研究的可重复性较好，行业内的可信度较高。可以说，国外学者在利用石笋进行气候变化研究方面，有比较成熟的研究成果，值得国内气候变化研究学者重视。但如果国内学者始终跟随他人的研究先例，仅在国内进行国外研究先例的重复性验证，停留在石笋样本采集与测年数据分析上，则较难在碳酸盐岩地区气候变化研究中取得突破。

我们必须思考，能不能在利用现有研究资源的前提下，找到全新的碳酸盐岩地区气候变化研究方法，实现碳酸盐岩地区气候变化研究的创新。在碳酸盐岩地区气候变化研究国际合作中，必须坚持“以我为主”原则，坚持凸显中国学者在碳酸盐岩地区气候变化研究中的重要作用，所以，中国气候变化研究学者必须重视碳酸盐岩地区气候变化研究的方法创新。

一种全新的气候变化研究手段刚出现的时候,往往不容易被其他气候变化研究学者所接受,这是很正常的现象。为使全新的碳酸盐岩地区气候变化研究方法被其他研究学者所接受,这种研究方法应该是可以重复的,这样才能经得起国内外学者的检验;这种研究方法在理论上应该是说得通的,这样才能建立起比较完整的研究逻辑;重复验证这种研究方法的成本不应该是太高的,这样才能吸引更多的学者来进行重复验证;这种方法得到的研究结果应该是可信的,能够通过其他研究方法对研究结果加以验证。

因此,国内学者应该仔细分析在碳酸盐岩地区气候变化研究中,哪些方面是国外学者还没做到的,多尝试除利用石笋等研究手段以外的研究方法,努力争取在研究方法上有创新突破。国内气候变化研究学者应该明白一个道理,虽然把国外学者的气候变化研究手段引入国内,填补国内研究空白,是非常重要的,但国内学者不能一直跟随国外研究的脚步,找到全新的碳酸盐岩地区气候变化研究手段填补国际研究空白也是非常重要的。

从国外学者的研究成果来看,他们比较重视有最新进展的多学科交叉研究,这值得中国学者重视。碳酸盐岩领域相关研究人员对其他学科特别是信息学科的前沿成果要予以重视,不能仅关注本学科的研究进展;对于以GeoAgent为代表的AI(人工智能)技术的研究进展,也不能等闲视之,要多思考这些关联学科的研究进展和最新研究成果,是不是可以应用到碳酸盐岩地区气候变化研究中。值得注意的是,一部分人工智能软硬件技术来源于国外的科学技术,需要仔细思考在发生技术封锁时的技术替代。

很多其他学科的研究进展可能看起来和碳酸盐岩地区气候变化研究关联不大,但实际上,它们是可以在目前或将来用于碳酸盐岩地区气候变化研究的,甚至可能引起碳酸盐岩地区气候变化研究的重大变革。

在信息科学中,图像分析技术属于目前研究成果较多的分支领域,我们应该多思考,能不能将图像分析技术的最新研究进展引入到碳酸盐岩地区气候变化研究中。目前碳酸盐岩地区气候变化研究的自动化程度并不高,非常需要高效的碳酸盐岩气候变化研究手段,以实现碳酸盐岩气候变化研究的高度自动化。GeoAgent技术在高效、自动化的碳酸盐岩地区气候变化研究上具有显著优势，值得相关研究人员予以重视，以促进碳酸盐岩地区气候变化研究的自动化、智能化。

在碳酸盐岩研究领域，研究人员已经广泛使用碳酸盐岩的岩石图像进行碳酸盐岩的岩性分析，国内外都有将图像识别技术引入碳酸盐岩岩石图像处理和分析的研究。利用图像处理与分析技术进行碳酸盐岩岩石空隙分析的难度要比进行碳酸盐岩岩石成分分析的难度小，因此，图像处理与分析技术在碳酸盐岩的岩石孔隙度和岩溶发育速度研究中有广泛的应用前景，对碳酸盐岩地区气候变化研究也有着非常重要的意义。

需要说明的是，一些研究碳酸盐岩岩石图像的人员容易陷入一个误区，他们觉得目前使用的碳酸盐岩岩石图像采集设备（如偏光显微镜）不够高级，总是希望能使用更好、更贵的碳酸盐岩岩石图像采集设备。事实上，在碳酸盐岩地区气候变化研究中，只要实验室配置的偏光显微镜的分辨率足够高，就基本可以满足碳酸盐岩地区气候变化研究的需要。我们应该深入挖掘现有硬件设备资源的潜力，努力提高现有实验室设备的研究效率，在立足现有设备的基础上进行碳酸盐岩地区气候变化研究。降低偏光显微镜的硬件要求还有一个重要作用，即有利于更多的研究人员参与到相关研究中，使重复性研究成为可能。当然，立足现有设备不是排斥新购设备，在固定资产管理部门提出固定资产更新建议时，研究人员需要高度重视，应该配合设备更新工作。分辨率更高的偏光显微镜可以明显提高基于GeoAgent的碳酸盐岩地区气候变化研究的效率。

国外的碳酸盐岩地区气候变化研究中有一点值得中国学者注意，国外学者非常注重使用新的研究方法，即使这些方法表面上看起来与碳酸盐岩地区气候变化研究没有太大的关系。一个能用于碳酸盐岩地区气候变化研究的新技术，可能来自和碳酸盐岩地区气候变化研究没有关系的学科的研究进展。例如，形式语言与自动机、岩溶微生物等领域的研究进展，都可能对碳酸盐岩地区气候变化研究产生深远影响。信息科学中的人工智能技术近年来取得了很大进展，很可能会渗透到自然科学领域，因此也可能会渗透到碳酸盐岩地区气候变化研究中，值得研究人员重视。这些其他学科的研究进展，如果与碳酸盐岩地区气候变化研究相结合,可能会取得难以想象的研究进展。由于国家科研经费投入的持续增加,目前国内碳酸盐岩地区气候变化研究学者可以逐渐引入在经费缺乏时难以做到的如同位素测年、碳通量塔建设等研究手段。但仅做重复性验证研究,是很难在碳酸盐岩地区气候变化研究上有所创新的,所以我们要多注意在碳酸盐岩地区气候变化研究中的方法创新,而方法创新的手段之一就是将其他研究领域的研究进展引入到碳酸盐岩地区气候变化研究中。

三、研究立意

当前,碳酸盐岩地区气候变化研究多从石笋或岩溶沉积物等入手,研究方式比较固定。近年来人工智能技术的快速发展,使其在很多学科中都得到了广泛的应用,在地学领域形成了独特的GeoAgent技术,是地理信息系统领域比较前沿的研究技术。本研究试图将信息学科中的人工智能技术引入到碳酸盐岩地区气候变化研究中,实现碳酸盐岩地区气候变化研究的方法创新。碳酸盐岩地区气候变化研究人员大多是自然地理学专业出身,缺乏对信息科学领域研究进展的了解,需要地理信息系统专业出身的研究人员共同实现GeoAgent技术在碳酸盐岩地区气候变化研究中的应用。

本研究证明,在地学领域,人工智能及GeoAgent技术也有广泛的应用前景,值得碳酸盐岩地区气候变化研究人员予以重视。目前,GeoAgent技术已被引入地学的一些研究领域,如冰川、地磁和岩石图像处理等方面,都有很多的研究应用进展。碳酸盐岩地区气候变化研究作为地学领域的重要组成部分,也可以和人工智能技术相结合。

当前,限制人工智能技术在岩溶领域应用的主要原因,一是一部分碳酸盐岩地区气候变化研究人员由于缺乏对人工智能技术的了解而产生的主观上的排斥感,二是缺乏系统的在某一碳酸盐岩地区利用人工智能技术进行气候变化研究的范例。因此,本研究希望以呈点状或岛状的碳酸盐岩地区为例,系统地使用GeoAgent技术进行碳酸盐岩地区碳酸盐岩的岩石孔隙度和岩溶发育速度研究,结合碳酸盐岩样本的地层信息得到碳酸盐岩地区气候变化曲线,建立一个完整的利用GeoAgent技术进行碳酸盐岩地区气候变化研究的范例。在系统利用GeoAgent技术进行碳酸盐岩地区气候变化研究的基础上,说服其他研究人员接受这项技术,吸引更多的碳酸盐岩研究学者利用GeoAgent技术进行碳酸盐岩地区气候变化研究或岩溶研究,使以GeoAgent为代表的地学人工智能技术能够在该领域得到广泛应用,使更多的同行明白基于形式语言的人工智能算法迭代在碳酸盐岩地区气候变化研究中的重要意义(不仅仅是算法推导和数学建模),最终借助人工智能技术得到岩溶发育速度等常见的碳酸盐岩研究指标。

在碳酸盐岩岩溶研究领域中引入人工智能技术,可能会改变一部分岩溶研究学者的工作。我们应该站在促进中国岩溶研究发展的角度上看待问题,就像当年将地理信息系统技术引入岩溶研究领域一样,应该对将GeoAgent技术应用于碳酸盐岩地区岩溶研究和气候变化研究持开放态度。

四、研究的创新点

在碳酸盐岩地区,有很多成功的气候变化研究先例。研究碳酸盐岩地区气候变化的手段有很多,但大多数的研究成本比较高,研究周期比较长。本研究基于GeoAgent技术进行碳酸盐岩地区气候变化研究,成本比较低,对经费和设备的要求不高,可重复性比较好,周期短,是重要的碳酸盐岩地区气候变化研究方法创新。本研究利用原本用于重庆碳酸盐岩地区岩石孔隙度和岩溶发育速度研究的碳酸盐岩岩石玻片,通过偏光显微镜获得岩石图像,在将碳酸盐岩岩石玻片按地层排序后,利用以GeoAgent为代表的人工智能技术进行碳酸盐岩岩石玻片的偏光显微图像研究,绘制不同地层碳酸盐岩岩石玻片的岩石孔隙度和岩溶发育速度曲线。由于碳酸盐岩的岩石孔隙度和岩溶发育速度与碳酸盐岩地区的气候变化有关,不同碳酸盐岩地层的碳酸盐岩岩石玻片的岩石孔隙度和岩溶发育速度曲线实际上就是碳酸盐岩地区的气候变化曲线。由于碳酸盐岩岩石玻片对应的碳酸盐岩样本采集地层是有顺序的,所以在气候变化研究中，气候变化曲线的时间轴可以借助地层顺序来确定。

综上所述，本研究的创新点主要表现在以下几个方面。

第一，利用以GeoAgent为代表的人工智能技术进行碳酸盐岩岩石玻片的偏光显微图像研究，将人工智能技术进展用于碳酸盐岩岩溶研究，构建GeoAgent算法模型，以此获得碳酸盐岩的岩石孔隙度，进而得到碳酸盐岩的岩溶发育速度，这是在碳酸盐岩岩溶研究中比较重要的创新。碳酸盐岩地区气候变化研究多是基于石笋、岩溶沉积物等传统碳酸盐岩研究方法来进行的，本研究将信息科学领域的研究进展，即将GeoAgent技术应用于碳酸盐岩地区气候变化研究，是很好的多学科融合的研究实例。

利用GeoAgent技术进行碳酸盐岩地区气候变化研究，可以充分发挥不同教育背景的学术型硕士研究生的学术能力，对地理信息系统和岩溶信息系统的发展有很好的推动作用。相对于其他数学分析技术而言，GeoAgent技术比较简单，本科阶段高年级地理信息系统专业的学生比较容易理解该技术在碳酸盐岩地区气候变化研究中的应用情况，很多优秀的高年级本科生具有参与这种碳酸盐岩地区气候变化研究的能力，极大地扩展了碳酸盐岩研究的人力资源。

利用GeoAgent技术进行碳酸盐岩地区气候变化研究，即把GeoAgent算法模型推导引入到碳酸盐岩地区的岩溶研究和气候变化研究中，形成全新的研究手段。很少有人将信息科学领域中的计算数学与碳酸盐岩地区岩溶研究指标和气候变化研究联系起来，本研究证明了通过算法推导可以直接得到碳酸盐岩地区的岩溶研究指标，如岩溶发育速度等。借助数学推导来获得岩溶研究指标，是数学分析技术在碳酸盐岩地区气候变化研究中的重要应用。

本研究成功地将形式语言引入到碳酸盐岩地区气候变化研究和岩溶研究中，以自然语言形式化的方式构建碳酸盐岩地区气候变化的有穷自动机，并将其作为GeoAgent的算法模型。将形式语言与自动机引入碳酸盐岩地区气候变化研究，是碳酸盐岩地区气候变化研究与岩溶研究的重要创新。

碳酸盐岩的岩溶研究指标（如岩石孔隙度等）都是三维立体的碳酸盐岩岩石指标，本研究将三维立体的碳酸盐岩岩石指标转换成二维平面的碳酸盐岩岩石图像用于分析，以基于GeoAgent技术的图像分析为研究方式，得到碳酸盐岩的岩石孔隙度指标，进而换算得到碳酸盐岩的岩溶发育速度，以此构建碳酸盐岩地区气候变化曲线，是碳酸盐岩地区气候变化研究的重要创新。

在利用GeoAgent技术进行碳酸盐岩地区气候变化研究时，笔者将通过传统碳酸盐岩研究方法得到的研究成果和公开发表的相关论文数据作为目标逼近依据，以目标逼近的方式实现碳酸盐岩地区气候变化有穷自动机的算法迭代，这是GeoAgent技术算法迭代的重要创新，对GeoAgent技术的进一步发展有很重要的参考意义。利用GeoAgent技术得到的碳酸盐岩地区气候变化研究结果，可以用于验证该地区以传统碳酸盐岩研究方法得到的研究成果。碳酸盐岩单轴抗压强度的地层分布差异、岩溶微生物种群分布等研究成果，也是以上研究成果是否可信的重要依据。

第二，利用碳酸盐岩的岩石孔隙度和岩溶发育速度，按照地层排序后构建研究区的气候变化曲线，是本研究中比较重要的创新。本研究表明，在碳酸盐岩地区除了石笋等研究依据外，碳酸盐岩的岩石孔隙度、岩溶发育速度等指标也可以用于构建碳酸盐岩地区的气候变化曲线。在碳酸盐岩地区气候变化研究中，不管是利用石笋还是岩溶沉积物，都需要确定碳酸盐岩地区气候变化曲线的时间轴，而气候变化曲线时间轴的确定在以其他物质或技术为依据的相关研究中是比较困难的。利用同位素测年可以比较可信地建立碳酸盐岩地区气候变化曲线的时间轴，但这种方式对研究经费有一定要求，不一定适合所有碳酸盐岩地区气候变化研究，如果研究经费不足以支持同位素测年，研究区内没有合适的石笋或岩溶沉积物样本，这样的研究方式就难以进行。所以，必须寻找一种可信的、研究样本比较容易收集的、能够有依据地确定气候变化曲线时间轴的、对研究经费的要求没那么高的碳酸盐岩地区气候变化研究方法。

碳酸盐岩地区的碳酸盐岩地层分布调查对经费要求也比较高，但实际上，因为很多碳酸盐岩地区都已经进行过地质调查，已经获得了相关地层分布信息，所以这类地层信息的获取成本较低。为什么要在面积较大且连片分布的碳酸盐岩地区中选择呈点状或岛状的研究区？因为选择碳酸盐岩地层分布信息已公开发表的呈点状或岛状的研究区，其地层分布信息是存量数据，对研究经费的要求不要，只需要支付一些档案查询费用就可以获得。如果某个碳酸盐岩采集点的数据中没有碳酸盐岩地层分布信息，该采集点就不适合作为本研究的碳酸盐岩采样点。

碳酸盐岩地区的地层分布是有时间属性的，不同碳酸盐岩地层在地质历史上出现的时间是不一样的，即不同碳酸盐岩地层在时间轴上的位置是不同的，因此，可以将碳酸盐岩地区的碳酸盐岩地层分布信息作为碳酸盐岩地区气候变化研究中确定气候变化曲线时间轴的依据。这种气候变化曲线时间轴的确定依据具有比较好的说服力。

在不同碳酸盐岩地层采集的碳酸盐岩样本，其岩石孔隙度和岩溶发育速度应该是有区别的，这是很好的碳酸盐岩地区气候变化曲线纵轴的构建依据。由于碳酸盐岩的岩石孔隙度和岩溶发育速度是很常见的碳酸盐岩岩溶研究指标，直接和碳酸盐岩地区的岩溶作用有关，而这种岩溶作用又和气候变化有关，因此，碳酸盐岩的岩石孔隙度和岩溶发育速度是很好的碳酸盐岩地区气候变化研究的依据。结合碳酸盐岩地区的地层分布信息，将不同碳酸盐岩样本的岩石孔隙度和岩溶发育速度依次排列，很容易在坐标系中构建该碳酸盐岩地区的气候变化曲线。本研究利用GeoAgent技术获得碳酸盐岩样本的岩石孔隙度和岩溶发育速度，是比较经济的碳酸盐岩地区气候变化研究手段，和以石笋等为研究依据的研究相比有明显的优势。

碳酸盐岩地区的地层数量不会太多，在碳酸盐岩地区气候变化曲线上反映为气候变化节点较少，看起来比较稀疏。然而，所有曲线都是可以用数学方法拟合的，碳酸盐岩地区气候变化曲线也不例外，可以利用数学方法增加该曲线的节点密度。本研究使用马鞍线曲线算法对碳酸盐岩地区气候变化曲线进行数学拟合，取得了比较好的拟合效果。

第三，利用碳酸盐岩岩石玻片获得的岩石图像进行碳酸盐岩地区气候变化研究，主要是借助GeoAgent技术获得碳酸盐岩的岩石孔隙度和岩溶发育速度，借此建立碳酸盐岩地区气候变化曲线，这是本研究在碳酸盐岩地区气候变化研究中比较重要的创新。

本研究用于碳酸盐岩地区气候变化研究的GeoAgent算法模型，主要以自然语言形式化的方式，将传统碳酸盐岩研究方法归纳为有穷自动机的形式。这种GeoAgent算法模型的构建方式，即有穷自动机的设置，有明确对应的碳酸盐岩研究方法，比较容易被碳酸盐岩研究人员所接受。

图像处理与分析技术在碳酸盐岩岩性分析中有比较多的应用，本研究将GeoAgent技术和图像处理与分析技术相结合，将碳酸盐岩样品加工成碳酸盐岩岩石玻片，借助偏光显微镜获得碳酸盐岩的偏光显微图像。利用GeoAgent算法模型将所得图像转换为二值图像，以此获得碳酸盐岩的岩石孔隙度与岩溶发育速度，并将其作为碳酸盐岩地区气候变化研究的依据，结合碳酸盐岩地层信息构建碳酸盐岩地区气候变化曲线，再以数学方法进行碳酸盐岩地区气候变化曲线的拟合。这个研究过程同时使用了GeoAgent技术、图像处理与分析技术、有穷自动机和自然语言形式化，涉及多个研究领域的交叉研究，比较容易被碳酸盐岩研究人员理解，也容易找到类似的碳酸盐岩地区进行重复性验证研究。

与利用同位素测年技术进行的基于石笋的碳酸盐岩地区气候变化研究相比，利用GeoAgent技术的研究经费要求更低，研究周期更短，具有明显的研究优势。与利用同位素测年技术进行的基于岩溶沉积物的碳酸盐岩地区气候变化研究相比，利用GeoAgent技术的研究获得样本的方式更容易也更安全，研究人员发生人身安全事故的风险更小。

本研究和国外类似的研究相比，国外学者多通过GeoAgent技术和图像分析技术进行碳酸盐岩的岩石孔隙度研究。本研究结合了岩石孔隙度和用于制作碳酸盐岩岩石玻片的碳酸盐岩样品的采集时间，将其换算成岩溶发育速度，构建碳酸盐岩地区的气候变化曲线，技术路线可行，研究方法可靠，是本研究的重要创新。

为了验证GeoAgent算法模型的可靠性，本研究利用公开发表的碳酸盐岩地区气候变化研究论文中的数据，构建了基于公开发表数据的碳酸盐岩地区气候变化曲线，将其与利用GeoAgent技术得到的碳酸盐岩地区气候变化曲线进行对比分析，从而实现GeoAgent算法模型基于目标逼近的算法迭代。这是本研究在GeoAgent算法迭代研究方法上的重要创新，对其他碳酸盐岩地区气候变化研究有良好的借鉴意义。本研究使用数学方法对碳酸盐岩地区气候变化曲线进行拟合，也是构建碳酸盐岩地区气候变化曲线的重要创新。

第二章 研究内容与研究目标

一、研究内容

本研究尝试将GeoAgent技术引入重庆碳酸盐岩地区气候变化研究中，其中，如何确定研究样本的时间序列是非常重要的。研究碳酸盐岩地区的气候变化，需要以地层连续的碳酸盐岩为样本进行岩石孔隙度和岩溶发育速度研究，以此来构建碳酸盐岩地区气候变化曲线。由于碳酸盐岩样本都来源于碳酸盐岩地层，而碳酸盐岩地层可以按照时间顺序排列，所以，来源于碳酸盐岩地层的碳酸盐岩样本是很好的碳酸盐岩地区气候变化研究样本，是可信的、容易被接受的碳酸盐岩地区气候变化曲线的时间轴依据。这些用于碳酸盐岩地区气候变化研究的碳酸盐岩样本不能有地层缺失，否则就难以利用其岩石孔隙度和岩溶发育速度构建有连续性的气候变化曲线。

本研究选取的重庆碳酸盐岩地区中呈点状或岛状的研究区已经进行了明确地层信息的地层分布研究，是在此基础上进行的基于GeoAgent的碳酸盐岩地区气候变化研究。因此，只要获得完整的不同碳酸盐岩地层的岩石孔隙度和岩溶发育速度，就可以构建完整的碳酸盐岩地区气候变化曲线。本研究还试图在基于GeoAgent的重庆碳酸盐岩地区气候变化研究的基础上，补足以前研究中缺失的碳酸盐岩地层信息，构建完整的重庆碳酸盐岩地区气候变化曲线。

本研究构建了具有数据输入、数据处理和数据输出功能的有穷自动机，借助移动设备实现数据的输入和输出，在服务器设备上进行数据集中处理，以此构建基于移动地理信息系统的GeoAgent算法模型，从而实现GeoAgent在碳酸盐岩地区气候变化研究中的应用。

由于本研究涉及的碳酸盐岩地区气候变化数据处理主要集中在服务器，因此，它对移动设备的算力要求比较低，大部分现有的移动设备都可以用于此类研究。目前，大多数的服务器算力是可以满足GeoAgent技术的研究需要的，所以使用GeoAgent技术进行碳酸盐岩地区气候变化研究不用担心服务器算力不足。当前广泛使用的云主机，为GeoAgent技术在碳酸盐岩地区气候变化研究中的应用提供了良好的设备保障。由于云主机价格较低,这降低了GeoAgent技术在碳酸盐岩地区气候变化研究应用上的门槛。

目前,有很多公开发表的关于碳酸盐岩地区气候变化研究的论文,它们是利用GeoAgent技术进行碳酸盐岩地区气候变化研究的很好的研究基础。这些论文既可以用来验证利用GeoAgent技术进行的碳酸盐岩地区气候变化研究结果是否可信,也可以用于GeoAgent算法模型的迭代,使其算法迭代可以以目标逼近的方式进行,研究结果更容易得到碳酸盐岩研究人员的认可。开源(OA)期刊提供了大量可免费阅读的论文,这极大地降低了在GeoAgent领域获得论文的难度,对GeoAgent算法模型的迭代有着非常重要的意义,有效地促进了本研究。

在重庆碳酸盐岩地区,有很多研究通过使用传统碳酸盐岩研究方法得到了碳酸盐岩的岩石孔隙度或岩溶发育速度,它们是良好的可以用于验证利用GeoAgent技术得到的碳酸盐岩岩石孔隙度和岩溶发育速度的数据,也是很好的GeoAgent算法迭代依据。

在利用碳酸盐岩岩石孔隙度或岩溶发育速度构建碳酸盐岩地区气候变化曲线后,用数学方法对气候变化曲线进行拟合,是非常重要的。具体使用什么数学方法进行气候变化曲线的拟合,需要研究人员根据不同气候变化研究节点的结果来确定。一些在学术期刊上公开发表的碳酸盐岩地区气候变化研究成果,是很好的对比检验依据。需要注意的是,基于GeoAgent技术得到的碳酸盐岩岩石孔隙度或岩溶发育速度而构建的气候变化曲线,不应该与使用传统碳酸盐岩研究方法得到的相关研究结果相冲突,如碳酸盐岩单轴抗压强度、岩溶微生物的分布等。

本研究主要使用算法软件(如MATLAB、SCILAB等)来实现GeoAgent的算法,不能借助算法软件实现的算法主要以编程的方式来实现。很多代码托管网站上有大量的开放源代码、函数、控件等,不管是采用算法软件还是采用编程的方式,都可以借助它们有效地提高碳酸盐岩地区气候变化研究在算法实现上的效率。

二、研究目标

在传统的碳酸盐岩地区的气候变化研究中，石笋与岩溶沉积物等研究样本的采集难度很大，所需的研究经费较高（有时省级研究项目经费都难以负担，往往需要国家级研究项目经费支持），且所采集的石笋与岩溶沉积物等样本还有可能无法用于碳酸盐岩地区气候变化研究。这种对研究经费要求很高的研究方法，对很多碳酸盐岩学者来说是难以负担的，因此，这种研究手段的推广是存在一定困难的。此外，这类碳酸盐岩地区气候变化研究的周期也较长，无法在短时间内得到研究结果，这也限制了很多碳酸盐岩学者进行此类研究。

本研究希望通过对碳酸盐岩岩石偏光显微图像的分析研究，进行GeoAgent算法的迭代，将GeoAgent和ChatGPT引入碳酸盐岩地区的岩溶研究，通过对传统碳酸盐岩研究方法资料的自然语言形式化，构建用于碳酸盐岩地区气候变化研究的有穷自动机，结合图像处理技术的研究进展，获得尽可能准确的碳酸盐岩岩石偏光显微图像的岩溶分析算法，再将岩溶研究与GeoAgent技术相结合，建立起可以重复的、尽可能准确的碳酸盐岩地区岩溶研究人工智能模型。在此基础上，利用GeoAgent算法模型得到碳酸盐岩地区各地层碳酸盐岩岩石样本的岩石孔隙度和岩溶发育速度，将其按照碳酸盐岩地层顺序进行排列，通过数学方法对气候变化曲线进行拟合，以此获得碳酸盐岩地区气候变化曲线。再将从公开出版的研究成果和各种历史研究数据中得到的气候变化曲线作为对比曲线，进行碳酸盐岩地区气候变化的对比研究，实现GeoAgent的算法迭代。

本研究希望通过在重庆碳酸盐岩地区的系统研究，建立起可供参考的将人工智能技术引入岩溶研究的范例，吸引更多的同行加入利用人工智能技术进行岩溶研究的队伍中，推广基于GeoAgent的碳酸盐岩地区气候变化研究。本研究还希望除传统的以石笋、岩溶沉积物等为研究样本的碳酸盐岩气候变化研究之外，找到一种被多数同行认可的全新的碳酸盐岩地区气候变化研究手段。与传统的碳酸盐岩地区气候变化研究手段相比，这一新的研究手段对研究经费的要求应该对普通碳酸盐岩学者更友好，在研究上更有效率，这样才能使新的碳酸盐岩地区气候变化研究方法得到碳酸盐岩学者的普遍认可，吸引更多的学者参与研究。

(一)建立适用于碳酸盐岩地区气候变化研究的GeoAgent算法模型

在信息科学领域，人工智能技术有许多重要的突破性成果，且在很多研究领域得到了广泛应用。在地学研究领域，人工智能技术也可以得到广泛应用。一些学者可能会认为人工智能技术在地学领域的应用是在遥感、地理信息系统或全球定位系统等研究方向上。GeoAgent技术在遥感图像处理、3D可视化分析等方面的应用更容易让人接受，而GeoAgent技术与碳酸盐岩地区气候变化研究是较难关联的。事实上，地学与人工智能技术的结合使GeoAgent技术在地学的各个研究领域都可以得到应用，碳酸盐岩研究也不例外。轻视GeoAgent技术在碳酸盐岩研究领域的应用是不利于碳酸盐岩研究发展的，可能会延缓碳酸盐岩研究的自动化、智能化进程。

将GeoAgent技术与传统碳酸盐岩研究方法相结合，可以有效地提高碳酸盐岩岩石孔隙度和岩溶发育速度的研究效率，促进碳酸盐岩研究的自动化。在传统碳酸盐岩地区气候变化研究中，研究人员常常因为构成气候变化曲线的数据节点值稀少而感到困扰，而GeoAgent技术可以运用数学方法对气候变化曲线进行拟合，有效地提高了碳酸盐岩地区气候变化研究的效率。

以往的碳酸盐岩地区气候变化研究成果多数是以自然语言描述的，比较适合通过自然语言形式化的方式将其转为GeoAgent技术使用的形式语言或数学模型，这能有效降低GeoAgent技术在碳酸盐岩地区气候变化研究中的应用难度。所以，在利用GeoAgent技术进行碳酸盐岩地区气候变化研究时，要重视对各种已有碳酸盐岩研究资料的收集。CERP是近年来重要的收集已有碳酸盐岩研究资料的途径，在利用GeoAgent技术进行碳酸盐岩地区气候变化研究时，要重视对CERP的应用。累积的碳酸盐岩地区气候变化研究的历史资料越多，将GeoAgent技术引入碳酸盐岩地区气候变化研究的结果就越准确。如果某个碳酸盐岩地区的历史研究数据和资料很少，就需要慎重考虑是否适合使用GeoAgent技术进行该碳酸盐岩地区的气候变化研究。

从国外的研究现状看，GeoAgent技术正逐步进入全球气候变化研究领域，在碳酸盐岩地区气候变化研究中的应用还比较少，所以本研究希望尽快在碳酸盐岩地区气候变化研究中引入GeoAgent技术，争取形成碳酸盐岩地区气候变化研究的方法创新。传统的碳酸盐岩地区气候变化研究方法是比较成熟的，有很多成功的研究先例和成果，为GeoAgent技术在碳酸盐岩地区气候变化研究中的应用打下了良好的基础。因此，在使用GeoAgent技术进行碳酸盐岩地区气候变化研究时，要重视在该碳酸盐岩地区曾经使用传统碳酸盐岩研究方法形成的研究资料，尽量将这些研究资料引入GeoAgent的算法模型中。如果某个碳酸盐岩研究区使用传统碳酸盐岩研究方法得到的资料和成果比较少，也要慎重考虑是否适合使用GeoAgent技术进行碳酸盐岩地区气候变化研究。

基于GeoAgent的碳酸盐岩地区气候变化研究结果是否可信，需要得到其他碳酸盐岩研究人员的认同，通过传统碳酸盐岩研究方法得到的研究资料来进行验证是很好的手段。碳酸盐岩的岩石孔隙度和岩溶发育速度是较适用于比较基于两种不同研究方法得到的研究结果的碳酸盐岩研究指标。

本研究希望在应用GeoAgent技术进行重庆碳酸盐岩地区气候变化研究的基础上，建立起适合重庆碳酸盐岩地区气候变化研究的GeoAgent算法模型。这个GeoAgent算法模型应能对在其他碳酸盐岩地区使用GeoAgent技术进行气候变化研究有很强的借鉴意义，即其他碳酸盐岩地区可以通过对GeoAgent算法模型的调整实现气候变化研究。

本研究将有穷自动机作为碳酸盐岩地区气候变化研究的GeoAgent算法模型，并希望在其他碳酸盐岩地区气候变化研究中得到重复验证。GeoAgent算法模型有很多，一些算法模型不一定适合地学专业出身的研究人员运用。本研究希望得到适合地理信息系统专业研究人员使用的GeoAgent算法模型，让多数地理信息系统专业研究人员在学习形式语言后可以迅速掌握该算法模型。

基于GeoAgent的碳酸盐岩地区气候变化研究，主要是指利用碳酸盐岩岩石玻片得到碳酸盐岩岩石图像，进行碳酸盐岩的岩石孔隙度研究和岩溶发育速度研究，在以碳酸盐岩地层为时间节点的前提下，构建碳酸盐岩地区气候变化曲线。因此，在利用GeoAgent技术进行碳酸盐岩地区气候变化研究时，必须重视图像处理技术与GeoAgent技术的融合。

本研究构建的GeoAgent算法模型，包含了碳酸盐岩岩石图像的图像处理算法，主要依靠地理信息系统专业研究人员进行算法实现，所以，该模型应该是多数地理信息系统专业研究人员在算法实现方面没有困难的算法模型。GeoAgent算法模型的迭代方法有很多种，本研究希望以目标逼近的方式实现GeoAgent算法模型的迭代。

GeoAgent的算法实现途径也有很多，本研究希望通过对碳酸盐岩地区气候变化的研究，找到合适的GeoAgent算法模型实现途径，尽可能以MATLAB、SCILAB或代码编程来完成。地理信息系统专业的学术型硕士研究生可能比较擅长各种编程语言的使用，但对GeoAgent算法模型的编程不一定擅长，所以，在筛选碳酸盐岩地区气候变化研究中使用的GeoAgent算法模型时，要注意尽可能匹配MATLAB和SCILAB，尽量减少研究人员对编程工具的依赖。地理信息系统专业的学术型硕士研究生在刚接触以编程的方式实现GeoAgent算法时，容易在编程过程中出错，由于时间和精力有限，教师在进行代码审计时，可能会遗漏部分错误代码。为减少这一情况的发生，本研究希望以减少编程的方式来降低碳酸盐岩地区气候变化研究中的出错概率。

本研究使用的GeoAgent算法模型主要通过有穷自动机来实现，所以本研究希望得到和基于传统碳酸盐岩研究方法的研究结果中自然语言形式化结果匹配的GeoAgent算法模型。本研究希望通过以传统碳酸盐岩研究方法得到的研究结果为目标逼近值的算法迭代，实现GeoAgent算法模型的构建，这个目标逼近的过程可以被其他碳酸盐岩地区气候变化研究借鉴。

将GeoAgent技术应用到碳酸盐岩研究中，是比较新的研究手段，具有学科交叉性，值得碳酸盐岩学者重视。反映到作为研究结果的学术论文上，基于GeoAgent的碳酸盐岩研究和传统碳酸盐岩研究的学术论文在图表组织、研究结果的图形化表达上会有一定区别，这些区别也是GeoAgent技术应用到碳酸盐岩研究中的重要表现。

(二)构建基于GeoAgent的碳酸盐岩地区气候变化曲线

实现碳酸盐岩地区气候变化研究的途径有很多,石笋、岩溶沉积物等是比较常见的研究依据,但不是每个碳酸盐岩地区都可以找到合适的石笋或岩溶沉积物,所以,碳酸盐岩地区气候变化研究需要新的研究依据和方法。如果碳酸盐岩地区气候变化研究的样本来源于面积比较小的研究区,就必须面对由于研究区面积不大造成的石笋或岩溶沉积物取样困难的问题,在进行该研究区气候变化研究时需要寻找新的研究依据。

在小范围的碳酸盐岩地区进行气候变化研究时,首先,研究依据要能反映碳酸盐岩地区气候的冷暖干湿变化,这种变化应该是建立在碳酸盐岩研究基础上的,即气候的冷暖干湿变化应该能用碳酸盐岩研究指标来说明。其次,气候变化研究应该有明确的时间轴,用来说明气候变化对应的地质历史时期。由于有比较成熟的研究方法,碳酸盐岩地区的地层分布比较适合作为气候变化研究的时间轴。应用GeoAgent技术开展的碳酸盐岩地区气候变化研究要注意研究区的地层信息是否齐全。碳酸盐岩地区采集的碳酸盐岩样本都是有对应的地层的,而利用这些地层信息就可以确定碳酸盐岩样本在时间轴上的位置。如果碳酸盐岩岩石玻片对应的碳酸盐岩样本的地层信息不明,是无法用于碳酸盐岩地区气候变化研究的。

碳酸盐岩地区的岩溶作用和气候变化是密切相关的,碳酸盐岩岩石孔隙度或岩溶发育速度都是和碳酸盐岩地区气候变化密切相关的岩溶研究指标,可以用于碳酸盐岩地区气候变化曲线的构建。某个碳酸盐岩样本的碳酸盐岩岩石孔隙度或岩溶发育速度有对应的地层信息,是很好的碳酸盐岩地区气候变化研究的时间依据。碳酸盐岩地区岩溶作用的强弱与气候变化密切相关,在某个时间节点上,岩溶作用的强弱不同,碳酸盐岩岩石孔隙度和岩溶发育速度也会不同。

一些通过传统碳酸盐岩研究方法获得的研究结果,以碳酸盐岩的岩石孔隙度或岩溶发育速度为纵轴,碳酸盐岩样品所在的碳酸盐岩地层信息(按时间顺序排列)为横轴,从而构建碳酸盐岩地区气候变化曲线。由于碳酸盐岩地层的数量不会太多,由研究指标构成的碳酸盐岩地区气候变化曲线节点会比较稀疏,需要使用数学方法拟合,以增加曲线上的气候变化节点。

本研究构建碳酸盐岩地区气候变化曲线的方法与传统碳酸盐岩研究方法类似,都基于碳酸盐岩岩石孔隙度和岩溶发育速度,不过这两个研究指标是利用GeoAgent技术获得的。GeoAgent技术在碳酸盐岩的岩石孔隙度和岩溶发育速度研究上有明显优势,将通过GeoAgent得到的碳酸盐岩岩石孔隙度和岩溶发育速度作为坐标系中的纵轴,碳酸盐岩样本对应的碳酸盐岩地层作为横轴,纵坐标为气候变化指标值(碳酸盐岩岩石孔隙度值或岩溶发育速度值),横坐标为碳酸盐岩地层信息,则可以建立起碳酸盐岩地区气候变化曲线。由于碳酸盐岩地层数量有限,利用GeoAgent技术获得的碳酸盐岩地区气候变化曲线上的节点也是比较稀疏的,需要使用数学方法进行拟合。

这种利用碳酸盐岩岩石孔隙度或岩溶发育速度构建的碳酸盐岩地区气候变化曲线,使用的碳酸盐岩岩石玻片往往是已经加工好的(即使没加工,加工成本也不高),加上碳酸盐岩岩石图像的采集成本不高,因此,这种碳酸盐岩地区气候变化研究与以石笋或岩溶沉积物为样本进行的碳酸盐岩地区气候变化研究相比有明显的成本优势。此外,应用GeoAgent技术进行的碳酸盐岩地区碳酸盐岩岩石孔隙度或岩溶发育速度研究,研究周期显著缩短。综合来看,应用GeoAgent技术是比较理想的碳酸盐岩地区气候变化研究手段。

在传统的碳酸盐岩研究方法中,碳酸盐岩地区气候变化曲线可以来源于碳酸盐岩的石笋测年曲线。但这种方法的研究成本比较高,没有大型项目经费支持很难进行,对碳酸盐岩石笋的采集也容易破坏岩溶的生态环境。

和碳酸盐岩石笋不同,碳酸盐岩岩石玻片的来源比较广泛,收集用于加工碳酸盐岩岩石玻片的碳酸盐岩样品的难度比较小,对研究经费的要求比较低,法律风险也小得多。所以,在碳酸盐岩地区气候变化研究中,利用碳酸盐岩岩石玻片比碳酸盐岩石笋更具有优势,也更容易推广。不管是相关的纵向项目还是横向项目,都有利用碳酸盐岩岩石玻片进行的研究,其应用场景比石笋更广泛。利用碳酸盐岩石笋进行的气候变化曲线研究需要专门的石笋测年研究人员,石笋的采集人员很难介入气候变化曲线的获得过程,而通过碳酸盐岩岩石玻片获得岩石显微图像的过程并不复杂,只要能操作偏光显微镜就可以完成。借助GeoAgent技术利用碳酸盐岩显微图像获得碳酸盐岩岩石孔隙度或岩溶发育速度进而得到碳酸盐岩地区气候变化曲线的过程,碳酸盐岩样品的采集者一般是全程参与的。和利用碳酸盐岩石笋构建气候变化曲线相比,利用GeoAgent技术构建碳酸盐岩地区气候变化曲线有显著的优势。

在海滨地区,也可以利用珊瑚进行气候变化研究,且获得气候变化曲线,和利用碳酸盐岩石笋获得气候变化曲线类似,其研究样品的获取成本比较高,且采集珊瑚也容易影响当地的生态环境。利用黄土或湖泊沉积物进行气候变化研究,也需要专门的研究人员来获取气候变化曲线。利用树轮进行气候变化研究需要避免破坏森林资源,此类气候变化曲线的研究一般在专门的树轮研究机构中进行。此外,基于树轮的气候变化研究还受到森林的地域分布影响,所以会受到很多的应用限制。

故此,和以上气候变化研究手段相比,利用GeoAgent技术进行气候变化研究、获得气候变化曲线,在研究成本、研究周期等方面有较大的优势。而碳酸盐岩研究人员大多都学习过如何使用MATLAB等软件,相对而言,研究门槛不高。

(三)碳酸盐岩地区气候变化研究中的自然语言形式化

不管是借助石笋还是岩溶沉积物,碳酸盐岩地区气候变化研究一般都是以自然语言的形式进行的。这种以自然语言进行的碳酸盐岩地区气候变化研究,在自然地理学和地理信息系统等不同专业的研究人员进行交流时,容易存在一些比较难解决的问题,不利于学术交流。自然地理学专业的研究人员在向地理信息系统专业的研究人员做研究介绍时,要注意从数据输入、数据处理和数据输出三个阶段进行介绍,最好可以通过形式语言进行表述。自然地理学专业的研究人员很少有形式语言训练的教育经历,多数自然地理方向的学者的研究内容是以自然语言的形式表述的,研究阐述时的自然语言形式化有很大的应用前景。与自然地理学专业的研究人员相比,该专业的学术型硕士研究生与地理信息系统专业的研究人员往往有更长时间的交流。地理信息系统专业的研究人员要注意加强和这些青年研究人员的沟通,引导他们实现碳酸盐岩地区气候变化研究中的自然语言形式化。

(四)将GeoAgent技术引入碳酸盐岩地区气候变化研究

各个研究领域虽然在研究特点上各有不同,但都需要在研究方法上持续创新,才能实现本研究领域的持续发展。利用传统碳酸盐岩研究方法进行的碳酸盐岩岩溶研究有很多比较成熟的研究先例,这为在碳酸盐岩地区利用GeoAgent技术进行碳酸盐岩岩溶研究奠定了良好的基础。

碳酸盐岩地区气候变化研究是很常见的碳酸盐岩地区岩溶研究方向,有很多利用传统碳酸盐岩研究方法进行的碳酸盐岩地区气候变化研究成果。这类研究对研究经费有比较高的要求,研究周期也比较长,因此,需要研究人员在碳酸盐岩地区气候变化研究方法上进行创新。

在碳酸盐岩地区进行工程建设时,往往都会进行碳酸盐岩的岩性分析。由碳酸盐岩样品磨制成的岩石玻片的碳酸盐岩显微图像可以广泛地用于岩石性质的分析研究,所以,在很多碳酸盐岩采样点中,碳酸盐岩的岩石图像是比较常见的研究数据,有时不需要新增研究经费就可以得到。这些研究数据可以用于碳酸盐岩地区的岩溶研究,也可以用于碳酸盐岩地区的气候变化研究。只要分析出碳酸盐岩岩石图像对应的碳酸盐岩地层信息(即碳酸盐岩样品的碳酸盐岩地层信息),这些碳酸盐岩岩石图像就是很好的碳酸盐岩地区气候变化研究依据。

碳酸盐岩岩石图像中有很多研究指标是可以用于气候变化研究的,例如岩石图像的灰度值、RGB值等都是很重要的研究依据。将碳酸盐岩岩石图像的灰度值曲线用于碳酸盐岩地区气候变化研究是有先例的,但岩石图像的灰度值和碳酸盐岩地区气候变化之间的关系还有待进一步研究。

碳酸盐岩地区的碳酸盐岩岩石孔隙度和岩溶发育速度,与岩溶发育过程有很强的关联性,是很好的不同时间点岩溶作用强弱的判断依据,因此,也可以用于碳酸盐岩地区气候变化研究。碳酸盐岩的岩石孔隙度和岩溶发育速度是重要的岩溶研究指标,也是比较适合通过碳酸盐岩岩石图像来获得的研究指标。用不同地质时期的碳酸盐岩岩石孔隙度构建的岩石孔隙度曲线,就是很好的碳酸盐岩地区气候变化曲线。

碳酸盐岩的岩石孔隙度获取原本是三维立体问题,但借助碳酸盐岩岩石图像获得碳酸盐岩的岩石孔隙度时，实际上是平面问题，这一点在笔者发表的SCI论文中已经仔细阐述，这里不再赘述。因此，碳酸盐岩的岩石孔隙度可以借助碳酸盐岩岩石图像，以图像处理和图像分析的方式来获得，碳酸盐岩的岩溶发育速度可以借助碳酸盐岩岩石孔隙度来推算，即碳酸盐岩的岩石孔隙度和岩溶发育速度都可以通过碳酸盐岩的岩石图像来获得。而在使用图像处理技术对碳酸盐岩岩石图像进行图像处理与分析的过程中，GeoAgent技术有广泛的应用前景。

在碳酸盐岩地区气候变化研究中，如果进行了自然语言的形式化，地理信息系统研究人员就比较容易理解，是比较适合使用GeoAgent技术进行研究的。利用GeoAgent算法模型获得的碳酸盐岩岩石孔隙度，结合碳酸盐岩样品（岩石玻片）的不同采集时间，是可以换算成碳酸盐岩岩溶发育速度的，因此，碳酸盐岩岩溶发育速度也是GeoAgent在碳酸盐岩地区的重要研究成果。以这种方式得到的碳酸盐岩岩溶发育速度的单位和用传统碳酸盐岩研究方法得到的碳酸盐岩岩溶发育速度的单位是一样的（如“mm/ka”），是可以直接进行比较的，是很好的GeoAgent算法迭代依据。和碳酸盐岩地区的碳酸盐岩岩石孔隙度类似，借助碳酸盐岩地区不同地质时期的碳酸盐岩岩溶发育速度，也可以得到碳酸盐岩地区气候变化曲线。

（五）将移动地理信息系统（Mobile Geographic Information System，Mobile GIS）技术引入碳酸盐岩地区气候变化研究

在碳酸盐岩地区气候变化研究中，现场的科研设备是限制GeoAgent技术应用的重要因素。很多实验室的实验设备是非常适合进行碳酸盐岩研究的，但现有的实验室设备不易移动，很难直接带到碳酸盐岩研究现场，这限制了实验室设备在研究现场的使用。而以手机为代表的移动设备则不同，它们便于携带，能在碳酸盐岩研究现场使用。

地理信息系统技术在移动设备上的应用，形成了移动地理信息系统技术，是很好的碳酸盐岩研究工具。由于移动设备的快速发展，移动地理信息系统技术逐渐得到了广泛的应用，是很好的碳酸盐岩地区气候变化研究工具。在

碳酸盐岩研究现场，研究人员需要开展很多数据采集与分析工作，不太适合用传统的实验室设备来完成，而智能手机、平板等移动设备一般同时具有数据拍照采集、处理分析和显示输出功能，是很实用的现场科研设备。这些移动地理信息系统设备方便携带，具有良好的可移动性，是非常方便的碳酸盐岩地区气候变化研究辅助工具。研究人员可以在研究现场以拍照的形式采集碳酸盐岩的岩石图像信息，上传至服务器，经过分析后得到可能的地层信息以及碳酸盐岩岩石孔隙度值和岩溶发育速度值。

由于移动设备和人工智能技术的密切结合，GeoAgent技术也较容易引入到碳酸盐岩地区气候变化研究中。将GeoAgent技术引入碳酸盐岩地区气候变化研究时，需要适合碳酸盐岩研究现场的数据采集设备、分析设备和结果显示设备。

以Web应用程序方式进行的移动地理信息系统技术可应用于碳酸盐岩地区气候变化研究中，可以利用移动设备完成拍照上传、数据输入等过程，将采集的数据借助4G或5G网络上传到后台服务器，充分利用后台服务器的算力优势，在服务器进行碳酸盐岩地区气候变化研究的数据分析。基于GeoAgent的数据分析也集中于服务器，碳酸盐岩地区气候变化研究的数据分析结果再借助4G或5G网络传回移动设备并显示，这是比较理想的研究方式。这样做的目的是尽可能减少移动设备的计算任务，从而降低移动设备的算力要求，使更多的现有移动设备可以用于碳酸盐岩地区气候变化研究。本研究中的移动设备只用于数据采集和结果显示，数据分析主要借助服务器进行，所以可基本不考虑算力问题。事实上，在移动设备如智能手机或平板上直接运行一些数据分析任务也是可以的，暂时未发现明显的算力不足问题。

由于移动设备只用于数据采集和结果显示，其Web应用程序对移动设备的硬件资源容量占用是比较小的，所以对移动设备的要求不高。由于移动设备更新速度较快，一些老旧的移动设备已经不能流畅地运行现有的主流APP（应用程序），但安装碳酸盐岩研究APP后，用来作为碳酸盐岩气候变化研究的数据采集和结果显示设备还是没问题的。

现有移动设备如智能手机、平板的自带摄像头分辨率比较高，基本符合碳酸盐岩地区气候变化研究的图像采集要求。需要注意的是，很多现有移动设备的摄像头软件具有“美颜”功能，可能导致所拍摄的碳酸盐岩图像失真，严重影响碳酸盐岩岩石孔隙度或岩溶发育速度分析结果的准确性，所以，在利用移动设备采集碳酸盐岩图像时要注意关闭此类可能影响碳酸盐岩原始图像的功能。为了防止忘记关掉此类功能等情况的发生，建议研究人员准备一部安装好碳酸盐岩研究APP且关闭这类影响碳酸盐岩原始图像的功能的专用于碳酸盐岩图像采集的工作机。

在碳酸盐岩地区气候变化研究中，移动设备使用者的年龄差异较大，其数据输入能力也有比较大的差别，所以地层、研究区等常用信息最好是以下拉框、复选框等形式进行输入。由于移动设备上Web应用程序的数据输入可以采取下拉框等方式进行，所以即使年龄偏大的使用者的数据输入速度也不慢，基本可以满足碳酸盐岩地区气候变化研究的需要。

移动设备上的Web应用程序是很好的GeoAgent实现载体，碳酸盐岩地区气候变化研究中使用的GeoAgent算法模型，基本可以以服务器编程的方式实现。为了减少移动设备的算力消耗，碳酸盐岩地区气候变化研究中使用的GeoAgent算法模型尽可能不在移动设备上进行数据处理。综上所述，在碳酸盐岩地区气候变化研究中，GeoAgent和移动地理信息系统技术两者的融合度很高，有广泛的应用前景。

三、拟解决的关键问题

本研究希望通过将人工智能技术引入碳酸盐岩地区气候变化研究，解决碳酸盐岩地区气候变化研究中的一些关键问题。利用传统碳酸盐岩研究方法进行碳酸盐岩地区的碳酸盐岩岩石孔隙度研究，对研究经费和研究周期有一定的要求，本研究希望利用GeoAgent技术得到新的碳酸盐岩岩石孔隙度研究手段。利用传统碳酸盐岩研究方法进行碳酸盐岩地区的碳酸盐岩岩溶发育速度研究，需要进行碳酸盐岩室内模拟实验，其中，室内模拟实验的条件设置，如单轴压力、岩溶水的水化学条件、岩溶水的微生物条件等设置都有比较高的要求，对研究经费和研究周期的要求比碳酸盐岩岩石孔隙度研究要更高。因此，本研究希望利用GeoAgent技术基于碳酸盐岩岩石孔隙度，结合时间，以公式换算的方式获得碳酸盐岩岩溶发育速度。

由于利用GeoAgent技术得到的碳酸盐岩岩石孔隙度和岩溶发育速度都有对应的碳酸盐岩地层信息，将这些碳酸盐岩岩石孔隙度和岩溶发育速度按照碳酸盐岩地层顺序排列，构建气候变化曲线，再用数学方法对气候变化曲线进行拟合，应该可以得到比较好的碳酸盐岩地区气候变化曲线。很多已经公开发表的碳酸盐岩地区气候变化研究论文中的气候变化研究数据是构建碳酸盐岩地区气候变化曲线的良好基础。本研究希望利用公开发表的碳酸盐岩地区气候变化研究论文中的研究数据，实现GeoAgent算法模型的迭代。

GeoAgent是人工智能技术在地学研究领域的新发展，本研究希望能将GeoAgent技术应用到碳酸盐岩地区气候变化研究中。ChatGPT是人工智能研究领域比较重要的应用，对于碳酸盐岩地区气候变化研究而言，它不仅可作为论文写作或地图生成的工具，还可以通过多种形式得到应用。将ChatGPT应用于碳酸盐岩地区气候变化研究中，很可能会带来研究变革，从而改变碳酸盐岩地区气候变化的研究方式，不仅会对碳酸盐岩岩石孔隙度和岩溶发育速度研究产生影响，还会对石笋和岩溶沉积物等研究产生重要影响，值得碳酸盐岩地区气候变化研究人员重视。

（一）利用GeoAgent技术获得碳酸盐岩的岩石孔隙度

近年来，信息科学领域取得了很大进展，随着该领域软、硬件技术的发展，独具特色的人工智能技术也取得了较快发展，在很多传统研究领域都得到了广泛应用，在碳酸盐岩研究领域也有比较好的应用前景。在某些学科领域，和传统研究方法相比，人工智能技术有显著的优势，在碳酸盐岩研究领域，人工智能技术也表现出了很大的研究优势。表面上，碳酸盐岩研究和人工智能技术的相关性并不高，但实际上，碳酸盐岩研究中广泛使用的碳酸盐岩岩石图像（包括偏光显微图像、电镜图像等）、16S rDNA（16S核糖体RNA基因）技术和同位素技术都是比较适合借助人工智能技术进行研究的,人工智能技术在这些方面有很好的应用前景。

人工智能技术和地学研究结合,形成了独特的GeoAgent技术,在碳酸盐岩研究领域可以得到广泛应用。在碳酸盐岩地区岩溶研究指标中,碳酸盐岩的岩石孔隙度是碳酸盐岩样品中的孔隙体积与碳酸盐岩样品总体积的比,比较适合利用GeoAgent技术进行研究。由于传统的碳酸盐岩研究方法一般都会研究碳酸盐岩的岩石孔隙度,所以利用GeoAgent技术得到的碳酸盐岩岩石孔隙度是否准确有很好的参照标准,比较容易得到其他碳酸盐岩研究人员的认可。以传统碳酸盐岩研究方法得到的碳酸盐岩岩石孔隙度,也是很好的GeoAgent算法迭代的依据,是很理想的在碳酸盐岩研究中引入GeoAgent技术的基础。碳酸盐岩的岩石孔隙度与岩溶发育速度等其他指标是有换算关系的,根据不同时间采集的同一碳酸盐岩采样点的岩石孔隙度可以计算出岩溶发育速度,因此,利用GeoAgent技术进行碳酸盐岩的岩石孔隙度研究有非常重要的学术意义,可以有效改变碳酸盐岩研究的现状。

在以往的碳酸盐岩地区气候变化研究中,很少有GeoAgent技术研究成果的渗入,本研究将GeoAgent技术与气候变化研究结合起来,利用基于GeoAgent的图像处理技术进行碳酸盐岩岩石孔隙度研究。CERP是近年来兴起的碳酸盐岩研究数据库,它的特点是借鉴企业资源管理经验,对碳酸盐岩研究成果进行管理,对碳酸盐岩研究的组织管理起着非常重要的作用。碳酸盐岩的岩石孔隙度数据是很常见的CERP数据。同一碳酸盐岩地区相同或邻近的碳酸盐岩地层中的岩石孔隙度往往是接近的。因此,如果借助GeoAgent技术对移动设备采集的碳酸盐岩样本进行地层自动识别,再根据存储在CERP中的碳酸盐岩研究结果进行统计分析,也可以得到碳酸盐岩的岩石孔隙度,这是碳酸盐岩研究中比较新的研究方法。CERP内碳酸盐岩研究数据越多,碳酸盐岩岩石孔隙度数据就会越多,利用GeoAgent技术获得的碳酸盐岩岩石孔隙度也就越准确。这个特点决定了CERP在基于GeoAgent的碳酸盐岩研究中扮演着重要角色,所以在进行利用GeoAgent技术获得碳酸盐岩岩石孔隙度的研究时,要重视CERP的应用。

(二)利用GeoAgent技术获得碳酸盐岩的岩溶发育速度

碳酸盐岩的岩溶发育速度是碳酸盐岩地区碳酸盐岩研究中的一个比较重要的指标。碳酸盐岩的岩溶发育速度和岩石孔隙度两个指标有一定的关联性,利用同一采样点的碳酸盐岩试样,通过碳酸盐岩室内模拟实验获得不同时期的岩石孔隙度,就可以换算出碳酸盐岩的岩溶发育速度。传统的碳酸盐岩研究方法一般都会进行碳酸盐岩的岩溶发育速度研究,得到的碳酸盐岩的岩溶发育速度数据是很好的GeoAgent算法迭代依据,是很理想的在碳酸盐岩研究中引入人工智能技术的基础。

传统的碳酸盐岩岩溶发育速度获取方法,往往是通过碳酸盐岩室内模拟实验得到同一个碳酸盐岩研究试样实验前后的碳酸盐岩岩石孔隙度,再结合室内模拟实验的时间进行碳酸盐岩岩溶发育速度的换算。而利用GeoAgent技术获得碳酸盐岩的岩溶发育速度,主要是通过对两个碳酸盐岩样本的岩石玻片进行碳酸盐岩岩石孔隙度研究,结合碳酸盐岩样本的采集时间差换算得到碳酸盐岩岩溶发育速度。该方式当前面临的较大问题是如何让其他碳酸盐岩研究人员接受这种研究方法,并相信通过这种研究方法得到的碳酸盐岩岩溶发育速度是准确的。

利用GeoAgent技术进行碳酸盐岩地区气候变化研究需要吸引更多的碳酸盐岩研究人员参与,这样这种研究方法才能得以推广,且被碳酸盐岩研究行业所接受,否则这种研究方法就容易只停留在理论创新层面,而无法得到广泛的行业应用。较多的重复研究意味着这种研究方法是可靠的,重复研究的过程也会促进研究方法和成果得到进一步发展。所以,在利用GeoAgent技术获得碳酸盐岩岩溶发育速度的研究过程中,每一步都需要让其他碳酸盐岩研究人员信服。碳酸盐岩研究人员一般不会质疑以传统碳酸盐岩研究方法得到的碳酸盐岩岩溶发育速度数据,如果以使用传统碳酸盐岩研究方法得到的碳酸盐岩岩溶发育速度为真值,将其作为GeoAgent算法迭代目标逼近的目标值,就可以以目标逼近的方式进行GeoAgent算法迭代,使利用GeoAgent技术得到的碳酸盐岩岩溶发育速度以算法迭代的方式逐步逼近使用传统碳酸盐岩研究方法得到的碳酸盐岩岩溶发育速度。这一逐步逼近的过程,在GeoAgent的算法迭代上也有着重要意义。对碳酸盐岩研究人员而言,一个通过移动设备获得碳酸盐岩图像数据,上传服务器后在移动设备上显示该碳酸盐岩样品可能的岩溶发育速度的APP,会大幅提高碳酸盐岩岩溶研究的自动化效率,它本身并不影响碳酸盐岩研究人员使用其他研究方法获得碳酸盐岩岩溶发育速度,应该是可以被碳酸盐岩研究人员普遍接受的。

利用GeoAgent技术结合移动地理信息系统技术开发的APP得到的碳酸盐岩岩溶发育速度研究结果,也是很好的以其他方法获得碳酸盐岩岩溶发育速度研究结果的参考对照数据。由于这一研究过程,将被普遍接受的以传统碳酸盐岩研究方法得到的碳酸盐岩岩溶发育速度作为目标逼近依据,GeoAgent的算法迭代比较容易被碳酸盐岩研究人员理解并接受。利用GeoAgent技术获得的碳酸盐岩岩溶发育速度和使用传统碳酸盐岩研究方法得到的碳酸盐岩岩溶发育速度不会完全一致,但也不应该相差太远。

借助碳酸盐岩岩石玻片图像进行小波变换(wavelet transform,WT)分析、自动机或分形等图像处理都可以得到碳酸盐岩岩溶发育速度数据,但小波变换分析和分形的算法推导太过复杂,一些碳酸盐岩研究学者不一定能够接受。相对小波变换分析和分形而言,自动机特别是有穷自动机比较简单,更容易介绍和推广。另外,从开放源代码的获取难度上看,面向图像识别的小波变换分析的开放源代码比较难以获得,且很多开放源代码是由商业机构开发的,代码中有明确的用途限制,不适合用于碳酸盐岩岩溶发育速度研究。在代码托管网站上,是能比较容易找到GeoAgent方面的开放源代码的。这些开放源代码很多是由个人开发者开发的,因此其用途限制比较少,比较适合用于基于GeoAgent的碳酸盐岩岩溶发育速度研究。

由于基于GeoAgent技术的碳酸盐岩岩溶发育速度是以通过传统碳酸盐岩研究方法得到的碳酸盐岩岩溶发育速度为目标逼近对象得到的,而很多碳酸盐岩地区都已有相关的数据,在CERP中也有很多碳酸盐岩岩溶发育速度研究数据,所以比较容易进行重复性研究。这种重复性研究不是没有意义的,它可以证明利用GeoAgent技术获得碳酸盐岩岩溶发育速度是可行的研究方法,对GeoAgent算法迭代也有着重要意义。

一个新的碳酸盐岩研究方法不应该有地域限制，它应该是在其他碳酸盐岩地区也可以利用的。此外，由于不同碳酸盐岩地区的碳酸盐岩岩石玻片的图像特征是不同的，在其他碳酸盐岩地区进行的利用GeoAgent技术获得碳酸盐岩岩溶发育速度的重复性研究，可以拓展GeoAgent技术的算法领域，促进GeoAgent技术在碳酸盐岩研究中的发展。

（三）利用GeoAgent技术获得碳酸盐岩地区气候变化曲线

碳酸盐岩地区岩溶作用速度和当地的气候变化是密切相关的，气候变化会导致碳酸盐岩地区岩溶发育速度增快或减慢，从而导致碳酸盐岩的岩石孔隙度变化速度加快或减慢。所以，碳酸盐岩地区的碳酸盐岩岩溶发育速度和岩石孔隙度是很好的气候变化观测指标。在以其他研究依据进行的气候变化研究中，无论是全球还是局部地区，其研究结果中一般都包含气候变化曲线。在进行碳酸盐岩地区气候变化研究时，研究结果最好也构建出该地区的气候变化曲线，以直观地反映碳酸盐岩地区的气候变化情况，便于和其他研究成果中的气候变化曲线进行对比分析。

利用GeoAgent技术获得的碳酸盐岩地区气候变化曲线和利用传统碳酸盐岩研究方法得到的气候变化曲线，两者都是通过碳酸盐岩地区碳酸盐岩岩溶发育速度与岩石孔隙度的值在同一坐标系中的变化来呈现的，以碳酸盐岩地层（按时间先后顺序排列）为横轴，以碳酸盐岩的平均岩溶发育速度和平均岩石孔隙度为纵轴，绘上气候变化节点，从而得到碳酸盐岩地区气候变化曲线。

碳酸盐岩样品所在的地层是有时间信息的，是很好的碳酸盐岩地区气候变化研究曲线的时间轴依据。不管是基于GeoAgent技术还是传统碳酸盐岩研究方法，利用碳酸盐岩的岩溶发育速度和岩石孔隙度进行碳酸盐岩地区气候变化研究都比较容易确定气候变化曲线的时间轴，而且这种方法得到的碳酸盐岩地区气候变化曲线的时间轴可信度比较高。

一般而言，采集的碳酸盐岩样本的地层是连续的，因此是很好的气候变化曲线的时间参照物。CERP中保存的碳酸盐岩研究数据很多，大概率能找到某一碳酸盐岩样品所在地层或邻近地层的碳酸盐岩研究数据，这些研究数据中的碳酸盐岩岩溶发育速度和岩石孔隙度也可以通过GeoAgent以统计分析的方式进行研究。在碳酸盐岩地区气候变化研究中，只要将在连续的碳酸盐岩地层中采集的碳酸盐岩样品加工成碳酸盐岩岩石试样和玻片，利用偏光显微镜等碳酸盐岩图像获取设备获得碳酸盐岩的偏光显微图像，就可以结合GeoAgent技术获得碳酸盐岩的岩溶发育速度和岩石孔隙度。

此外，由于移动设备的普及，研究人员也可以利用移动设备的拍照功能直接拍摄碳酸盐岩岩石图像，通过GeoAgent技术得到CERP中和当前岩石图像纹理匹配的碳酸盐岩样品的图像，以关联匹配的方式得到碳酸盐岩的岩溶发育速度或岩石孔隙度，用于参考。或通过移动设备获得碳酸盐岩岩石图像后，通过GeoAgent中的碳酸盐岩岩石图像纹理分析等途径，得到碳酸盐岩样品可能的3~5个碳酸盐岩地层信息，研究人员可选择或自行输入碳酸盐岩地层，以碳酸盐岩地层为检索依据，在CERP中进行数据检索，找到可能与该碳酸盐岩研究样本匹配的研究数据，借助GeoAgent技术推算出该碳酸盐岩样本可能的岩溶发育速度和岩石孔隙度。将碳酸盐岩的岩石孔隙度或岩溶发育速度按照碳酸盐岩的地层时间进行排序后，在同一坐标系中以碳酸盐岩地区气候变化节点的方式标出（该坐标系的纵轴为碳酸盐岩的岩石孔隙度或岩溶发育速度，横轴为碳酸盐岩地层），将这些气候变化节点用直线或平滑的曲线连接起来，就可以得到碳酸盐岩地区的气候变化曲线。

由于传统的碳酸盐岩研究方法在进行岩性分析时一般会制作碳酸盐岩岩石玻片，本研究方法利用以前制作的岩石玻片，从而极大地降低研究成本。在利用碳酸盐岩岩石玻片的偏光显微图像以图像分析的方式获得碳酸盐岩的岩石孔隙度或岩溶发育速度时，图像分析过程可以大量运用GeoAgent技术，是很理想的将GeoAgent技术引入碳酸盐岩地区碳酸盐岩研究的范例，可以广泛地使用各种免费的商业人工智能软件来进行碳酸盐岩地区气候变化研究。

(四)利用已有数据建立起的碳酸盐岩地区气候变化曲线对GeoAgent进行迭代

只要研究人员在碳酸盐岩地区进行过一段时间的碳酸盐岩研究,不论时间长短,都会积累一些研究数据,如碳酸盐岩岩溶发育速度、岩石孔隙度等。这些研究数据是很好的将GeoAgent技术引入碳酸盐岩地区碳酸盐岩研究的基础。由于GeoAgent技术是比较前沿的技术,一些碳酸盐岩研究人员对GeoAgent技术及其在碳酸盐岩研究领域的应用前景缺少足够的了解。因此,当在碳酸盐岩地区利用GeoAgent技术进行碳酸盐岩研究时,一些研究人员会对GeoAgent技术是否能够用于碳酸盐岩研究领域存疑,这是很正常的。所以,我们要重视研究解释工作,要有理有据地呈现研究方法和过程。而已利用传统碳酸盐岩研究方法获得的成果和数据,就是很好的可用于证明GeoAgent技术在碳酸盐岩研究中是否可行的检验标准。

当在碳酸盐岩地区利用GeoAgent技术获得的碳酸盐岩气候变化研究结果,如碳酸盐岩的岩溶发育速度、岩石孔隙度等指标,比较接近利用传统碳酸盐岩研究方法得到的研究结果时,会更容易消减碳酸盐岩研究人员对新方法是否可行的怀疑,说明在碳酸盐岩地区气候变化研究中引入GeoAgent技术是比较可行的。两种不同方法的研究结果不会完全一致,但它们应该是接近的,因为即使使用传统的碳酸盐岩研究方法在进行重复验证时,研究结果也会有一些差异。

信息科学的一些研究手段进入碳酸盐岩研究领域是有先例的,早期计算机技术在进入碳酸盐岩研究领域时,也有一些碳酸盐岩研究人员怀疑与排斥,但最终计算机技术在碳酸盐岩研究中被广泛应用。GeoAgent技术进入碳酸盐岩研究领域与之类似,它的应用趋势是很难被改变的。只不过GeoAgent技术在刚进入碳酸盐岩研究领域时,还有很多方面需要进一步完善,特别是在GeoAgent算法的迭代上,更需要碳酸盐岩研究人员进行研究和创新。从GeoAgent的研究特点来看,找到一个公认的、正确的已知值,将其作为逼近目标进行算法的迭代,是比较理想而且有大量基础的研究手段,而基于传统碳酸盐岩研究方法得到的研究结果是很好的GeoAgent算法迭代的逼近目标。

(五)GeoAgent技术在碳酸盐岩研究中的应用

人工智能研究领域近年来取得了比较大的进展,是信息科学研究重要的前沿领域。人工智能在很多学科和领域都得到了应用,在地学领域也有广阔的应用前景,所以人工智能技术很早就进入了地学领域,形成了GeoAgent技术。

GeoAgent技术同时具有人工智能和地学的研究特点,因此,对使用者的学术要求比较高,研究人员往往需要先花一定的时间来熟悉GeoAgent技术。从事GeoAgent技术应用的研究人员,一般都受过完整的地学教育,多数都系统地学习过地理信息系统技术,在刚开始使用GeoAgent技术时可能会有一些困难。但这些研究人员多数都系统地学习过数学建模、多元统计分析等,对形式语言有一定的掌握,应该可以比较容易地通过形式语言,以有穷自动机或元胞自动机建模的方式建立GeoAgent模型,以算子调整的方式向某个已知公认正确的目标值进行逼近,这样的方法是比较容易入手的GeoAgent技术应用方法。

碳酸盐岩地区的碳酸盐岩研究是地学领域的重要研究方向,数学建模、统计分析和曲线拟合等是碳酸盐岩研究中比较常见的研究方法,其研究内容是比较适合应用GeoAgent技术的。碳酸盐岩研究中常见的岩溶发育速度、岩石孔隙度等指标,也非常适合使用基于GeoAgent技术的图像处理技术来实现。

GeoAgent技术有一个很重要的特点,就是代码的来源比较广,研究人员可以在互联网上找到很多使用GeoAgent技术的代码或代码片段,这为GeoAgent技术的应用奠定了很好的基础。研究人员通过对这些开放的GeoAgent代码或代码片段进行编译调试,在满足开放源代码使用条件限制的前提下,可以很好地将其运用到自己的研究中。而本研究利用这些GeoAgent代码或代码片段修改得到的新代码或新代码片段,是可以上传到代码托管网站的(也需要注明使用条件),它们可以促进GeoAgent的发展。使用GeoAgent技术的开放源代码或代码片段有很多是以函数或控件的方式开发的,使用时要注意隐藏在这些函数或控件中的版权声明和用途限制。这些函数或控件在多数情况下对各种编程语言是友好的，因此在使用GeoAgent技术进行地学研究时，一般主流的编程语言都可以使用，不需要过于严格要求编程语言。但研究团队在选择所使用的编程语言时，为了减少重复开发工作，最好注意编程语言的统一。研究团队使用的统一的编程语言应该是团队中多数人员都熟练掌握的。

将GeoAgent技术应用于碳酸盐岩研究领域时，经常要使用图像分析技术，难免会下载使用互联网上的函数或控件，要注意它们是否有科研使用条件限制和公开发表限制。研究人员在碳酸盐岩相关学术期刊上发表研究结果时，常会被要求上传数据，在上传数据时要注意保密检查，注意剔除不适合上传的碳酸盐岩研究数据，也要注意使用的各种函数和控件不要违反原有的版权声明和用途限制。

（六）商业人工智能软件在碳酸盐岩地区碳酸盐岩研究中的使用

商业人工智能软件是信息科学研究领域的一项重要研究进展，是科技型企业在人工智能研究领域的重要贡献。很多商业人工智能软件如ChatGPT等是重要的人工智能技术进展，对人工智能技术在其他研究领域的应用与普及有重要的意义，对人工智能技术在碳酸盐岩研究领域中的应用也有着重要意义。

对于碳酸盐岩研究人员而言，商业人工智能软件绝不是简单的论文撰写辅助工具，而是可以渗透到碳酸盐岩研究所有方向的重要研究工具。利用商业人工智能软件如ChatGPT生成的碳酸盐岩方面的文章，其格式和英文翻译都让人满意，但研究的深入程度和创新性都有存疑之处，因此，不建议研究人员过多使用商业人工智能软件辅助编写研究论文。但和人工编程相比，商业人工智能软件在生成代码片段方面有明显优势，其编程效率甚至比很多程序员要高，代码的安全性也较高。商业人工智能软件用于编程实现的优点之一是商业人工智能软件的工作状态稳定，不会因为编程工作比较枯燥而影响编程工作的进展。但商业人工智能软件不能负担全部的代码编写工作，它比较适合针对特定算法写出编程实现的代码片段，研究人员需要将其编写的代码作为示范代码，供程序员引用和修改，再加入到碳酸盐岩研究的代码中去，从而实现编程效率的提高。

商业人工智能软件是碳酸盐岩研究中的很好的自动化辅助编程工具，但碳酸盐岩研究中所需要的整体编程代码，应该由熟悉碳酸盐岩研究的系统设计师和负责编码实现的程序员来完成。作为信息科学领域中人工智能研究的前沿，商业人工智能软件在自然语言生成与处理等方面取得了很大的进展，因此它在碳酸盐岩研究中的应用成为可能。

由于人工智能的开源特点，在很多代码托管网站上，商业人工智能软件有很多开放源项目，有大量的开放源代码可以用于碳酸盐岩研究领域。这些开放源项目有良好的可重复性，一般同时提供了代码和数据，所以编译执行比较容易，非常符合碳酸盐岩研究中的可重复性要求。但需要注意的是，商业人工智能软件有很强的算法迭代能力，每一次上传的碳酸盐岩图像和数据，都会促进商业人工智能软件的算法迭代。所以，在将商业人工智能软件引入碳酸盐岩研究时，要坚持以国内碳酸盐岩研究为主，可以下载分析商业人工智能软件的开放源代码和数据，但不建议上传自己的碳酸盐岩图片和数据，国内碳酸盐岩研究人员之间的交流要做好登记手续。商业人工智能软件开放源项目的技术入门门槛其实比很多GeoAgent开放源项目的门槛低，可能会吸引很多国内碳酸盐岩研究人员在碳酸盐岩研究中使用。但国内碳酸盐岩研究人员需要明确一点，即有利于商业人工智能软件中碳酸盐岩图像处理算法迭代的碳酸盐岩数据和图像，不要上传或开放源代码，因为从大数据的角度来说，互联网上公开的碳酸盐岩图像和数据，都有可能被商业人工智能软件利用。

将商业人工智能软件引入碳酸盐岩研究时，不能忽视和国外碳酸盐岩研究人员的学术交流，要注意分析国外碳酸盐岩研究人员的相关研究先例。代码托管网站中的商业人工智能软件开放源代码，很多是全世界精英程序员们的研究成果，对碳酸盐岩地区的碳酸盐岩研究有很强的借鉴意义。这是不能忽视的，要注意对商业人工智能软件开放源项目的代码收集。收集时，要注意研究的关联性，收集代码的目的是使商业人工智能软件为碳酸盐岩地区的碳酸盐岩研究服务。现有人工智能技术在碳酸盐岩地区碳酸盐岩研究中多应用于碳酸盐岩岩石图像的处理与分析，因此，要注意对图像处理与分析方面的开放源代码收集，比如医学图像处理、生物图像处理等开放源代码。这些代码很多都可以运用到碳酸盐岩偏光显微图像的处理与分析中，进而得到碳酸盐岩岩石孔隙度与岩溶发育速度等研究指标。商业人工智能软件开放源项目中有很多多元统计分析与数据建模的代码，这些代码都可以运用到碳酸盐岩地区的碳酸盐岩研究中，对研究中的统计分析和数据建模有很强的借鉴意义。需要注意的是，在商业人工智能软件开放源项目编译测试时，一些控件可能没开源，这些商业人工智能软件开放源项目一定不要在涉密计算机上编译调试。

第三章 研究方法与实验手段

一、研究方法

(一)碳酸盐岩岩石玻片的获得与预处理

碳酸盐岩地区气候变化研究需要合适的研究依据,而碳酸盐岩的岩石图像是非常好的研究依据,适合用于基于GeoAgent的碳酸盐岩地区气候变化研究。在碳酸盐岩地区进行碳酸盐岩研究时,经常需要分析碳酸盐岩的岩石性质,所以经常使用偏光显微镜进行碳酸盐岩的岩性分析。这种岩性分析,主要分析碳酸盐岩的岩石结构、矿物成分等,一般是通过碳酸盐岩的岩石玻片,借助偏光显微镜得到的碳酸盐岩岩石图像来分析的。这些通过碳酸盐岩岩石玻片获得的岩石图像为GeoAgent技术在碳酸盐岩岩溶发育速度等研究指标上的应用奠定了良好的基础。而在碳酸盐岩地区进行碳酸盐岩研究时,一般都会积累一定数量的碳酸盐岩岩石玻片,这些碳酸盐岩岩石玻片是很好的基于GeoAgent的碳酸盐岩地区气候变化研究的对象。

在应用时,要注意碳酸盐岩岩石玻片的筛选。首先,这些碳酸盐岩岩石玻片应该是保存良好的:玻片表面没有裂纹或压痕;使用的胶水没有变色脱落或有异味;玻片的岩石部分没有明显缺失;玻片使用玻片架保存,轻轻触摸玻片表面不发黏;没有使用玻片架保存的玻片没有粘黏现象。其次,在筛选出符合以上条件的碳酸盐岩岩石玻片后,要注意检查有没有对应的碳酸盐岩样本的基于传统碳酸盐岩研究方法得到的研究数据,以及这些研究数据是否完整。要特别注意检查有没有碳酸盐岩岩石孔隙度、岩溶发育速度等指标的历史研究记录,以便将其作为基于GeoAgent的碳酸盐岩地区气候变化研究的算法迭代目标逼近依据。如果有碳酸盐岩岩石孔隙度、岩溶发育速度等指标的历史研究记录,要注意检查这些碳酸盐岩岩石玻片对应的碳酸盐岩采样地点是否仍存在,在必要时能否再次进入该采样地点进行碳酸盐岩样品的再次采集。已经因为工程建设或经济发展而难以再次进行样品采集的地区,最好不要选为基于GeoAgent的碳酸盐岩地区气候变化研究的研究区域,相关的碳酸盐岩岩石玻片也最好不要选为研究对象。如果使用CERP进行碳酸盐岩地区气候变化研究,要注意所使用的碳酸盐岩岩石玻片应该在CERP中有一定数量的对应碳酸盐岩地层或邻近地层的研究数据，这样才能保证在使用类比法获得碳酸盐岩的岩石孔隙度或岩溶发育速度等研究指标时的结果可信。

当选定碳酸盐岩岩石玻片后，尽量使用和以前采集碳酸盐岩岩石图像型号相同的偏光显微镜，采集图像后要注意和以前的碳酸盐岩岩石图像进行对比。如果CERP中有类似碳酸盐岩样本的碳酸盐岩岩石图像，要注意分析这些岩石图像的地层来源。现有的碳酸盐岩岩石玻片大多都保存了一定的时间，在使用偏光显微镜进行碳酸盐岩岩石图像采集时，要注意观察新获得的碳酸盐岩岩石图像和以前的图像有没有明显的变化。由于不同时间点使用偏光显微镜进行碳酸盐岩图像采集时，观测的位置不一定完全重合，所以研究人员需要将不同时间的同一岩石玻片相同部位的图像进行叠加分析，以确定该碳酸盐岩岩石玻片目前可以使用。如果新获得的碳酸盐岩岩石图像和以前的图像没有太大差别，说明该碳酸盐岩岩石玻片可以用于基于GeoAgent的碳酸盐岩地区气候变化研究；如果两者存在很大差别，要仔细鉴别差别产生的原因，再决定该碳酸盐岩岩石玻片能否用于基于GeoAgent的碳酸盐岩地区气候变化研究。

本研究对碳酸盐岩岩石玻片的保存环境是有一定要求的，由于实验室保存条件的限制，目前碳酸盐岩岩石玻片大多采用玻片盒的方式存储，有条件的实验室可以进一步改善碳酸盐岩岩石玻片的保存条件。在清理部分保管不善的岩石玻片时，注意不要更改通过偏光显微镜获得的碳酸盐岩岩石图像。有的碳酸盐岩岩石玻片可能已经损坏，但也不要直接丢弃，要仔细分析岩石玻片修复的可能性与成本，判断其是否有可能在修复后用于基于GeoAgent的碳酸盐岩地区气候变化研究。

(二)基于传统碳酸盐岩研究方法的数据获得与预处理

碳酸盐岩地区大多区域都进行过基于传统碳酸盐岩研究方法的碳酸盐岩研究，会有很多碳酸盐岩研究数据的积累。由于碳酸盐岩岩石性质分析的需要，碳酸盐岩地区一般会存有以往采集的碳酸盐岩样本或岩石玻片，这为利用GeoAgent技术进行碳酸盐岩地区气候变化研究奠定了良好的基础，极大地节约了研究经费。在比较典型的碳酸盐岩地区，如重庆等地，一般会积累较多的碳酸盐岩纸质或电子研究记录,为利用GeoAgent技术进行重庆碳酸盐岩地区气候变化研究积累了很多基础研究数据。

CERP在碳酸盐岩研究数据的积累上有显著的优势,在研究数据的快速检索方面也有明显优势。CERP系统在建立时,一般会将基于传统碳酸盐岩研究方法获得的碳酸盐岩研究数据录入到底层数据库中。这些碳酸盐岩研究数据有的来源于碳酸盐岩的单轴抗压强度测试,而碳酸盐岩的岩溶发育速度和岩石孔隙度对碳酸盐岩的单轴抗压强度有很大的影响,是碳酸盐岩单轴抗压强度研究中比较常见的研究指标。进行过碳酸盐岩单轴抗压强度测试的研究,一般都会积累一定的碳酸盐岩岩石孔隙度或岩溶发育速度等研究数据,是很好的研究数据来源。

在很多碳酸盐岩地区,研究人员会进行碳酸盐岩室内模拟研究,包括在室内模拟碳酸盐岩地层的温度、压力与岩溶水条件等,用于研究碳酸盐岩地区岩溶发育速度、岩石孔隙度等,这为CERP提供了很好的数据来源。有的碳酸盐岩地区的研究会积累碳酸盐岩地层中土壤与岩溶水的微生物等研究数据,这些数据一般也包含了碳酸盐岩的岩石孔隙度或岩溶发育速度。有的研究人员会进行碳酸盐岩地区同位素示踪研究,对岩溶水在碳酸盐岩地层中的分布与走向有指示意义,岩溶水对碳酸盐岩地层的岩溶发育速度和岩石孔隙度有明显影响,因此,这些研究也会积累碳酸盐岩岩溶发育速度、岩石孔隙度等数据。

这些利用传统研究方法得到的碳酸盐岩地区的研究数据,为基于GeoAgent的碳酸盐岩地区气候变化研究奠定了很好的基础,是很好的GeoAgent算法与算子迭代的对比依据。GeoAgent算法迭代中常用的目标逼近迭代演化,即将这些基于传统碳酸盐岩研究方法的研究数据作为目标逼近值,以逐步比较算法运行结果的方式逼近。所以,对于基于GeoAgent的碳酸盐岩地区气候变化研究而言,基于传统碳酸盐岩研究方法获得的碳酸盐岩研究数据是非常重要的。

在CERP中,研究人员可以对利用传统碳酸盐岩研究方法获得的碳酸盐岩研究数据和利用GeoAgent技术获得的碳酸盐岩研究数据进行系统自动对比。按照编码规则,CERP初步判断利用GeoAgent技术获得的碳酸盐岩研究数据是否可靠,并将判断结果反馈给CERP的使用者,辅助使用者判断是否将利用GeoAgent技术获得的碳酸盐岩研究结果录入CERP中。CERP主要通过对基于传统碳酸盐岩研究方法获得的碳酸盐岩研究数据进行阈值分析,来对利用GeoAgent技术获得的碳酸盐岩研究数据进行判断,如果利用GeoAgent技术获得的碳酸盐岩研究数据超出了基于传统碳酸盐岩研究方法获得的研究数据的阈值分布区间,那么该研究数据会被判断为不可信。

基于传统碳酸盐岩研究方法获得的碳酸盐岩研究数据的存储方式有多种(有纸质的,也有电子的),要注意对这些数据进行筛选。在基于传统碳酸盐岩研究方法获得的研究数据中,包含了碳酸盐岩岩石玻片的数据,才能用于基于GeoAgent的碳酸盐岩地区气候变化研究;包含了碳酸盐岩岩石孔隙度和岩溶发育速度等数据(这些数据应该是彼此不矛盾的、令人信服的),才能作为GeoAgent算法迭代的目标逼近值。同时,这些碳酸盐岩研究数据的采样点最好可以进行重新采样(经济建设和工程行为没有影响到这些采样点),如果目前或在可预期的将来研究人员无法再进入这些采样点,那么这些碳酸盐岩研究数据尽量不要选用。

(三)利用碳酸盐岩岩石玻片获得碳酸盐岩的岩石孔隙度

碳酸盐岩岩石玻片中的岩石薄片是将碳酸盐岩样品截取磨制加工而成的。由于在磨制加工时,岩石薄片被处理得很薄,在使用GeoAgent技术进行碳酸盐岩岩石孔隙度研究时,一般按照二维平面进行。将碳酸盐岩岩石孔隙度研究由三维问题转为二维问题的原理在其他论文中已有阐述,所以本研究只需要利用GeoAgent技术统计出碳酸盐岩岩石图像中代表孔隙的像素点数,用它除以碳酸盐岩岩石图像的总像素点数,就可以得到该碳酸盐岩的岩石孔隙度。

由此可见,利用碳酸盐岩岩石图像获得碳酸盐岩的岩石孔隙度,是将碳酸盐岩的三维立体问题转为二维平面问题来进行研究的,这极大地降低了使用GeoAgent技术的算法难度,对GeoAgent技术应用的软硬件资源有非常重要的意义,使高校利用现有设备进行基于GeoAgent的碳酸盐岩研究成为可能。

这个过程是利用GeoAgent技术进行碳酸盐岩岩石孔隙度研究的前提，碳酸盐岩研究人员一定要理解这个前提才能继续研究。不难发现，在这一前提中，碳酸盐岩岩石孔隙度研究使用的GeoAgent模型的算法迭代非常重要，其算法迭代的结果将直接影响碳酸盐岩岩石孔隙度研究结果的准确性。

在GeoAgent技术的帮助下，本研究实现了碳酸盐岩岩石孔隙度研究的自动化与智能化，极大地改变了碳酸盐岩研究的方式，实现了信息科学领域与地学领域的交叉研究，对推动碳酸盐岩研究领域的技术进步有着重要意义。

利用GeoAgent技术进行碳酸盐岩地区的碳酸盐岩研究，必须有可信的、确定的碳酸盐岩研究结果作为目标逼近值，并在此基础上进行GeoAgent的算法迭代。在碳酸盐岩研究中，碳酸盐岩岩石孔隙度是很好的研究指标。一般而言，在碳酸盐岩地区，不论是基础研究还是基于工程建设的研究，都会在应用传统碳酸盐岩研究方法时进行碳酸盐岩岩石孔隙度研究，所以碳酸盐岩岩石孔隙度是碳酸盐岩研究中比较常见的研究指标。

在传统碳酸盐岩研究方法中，碳酸盐岩岩石孔隙度的研究已经有比较成熟的方法，碳酸盐岩岩石孔隙度属于可信度比较高的研究指标，值得本研究的研究人员重视。因此，在利用GeoAgent进行碳酸盐岩地区的碳酸盐岩研究时，利用传统碳酸盐岩研究方法获得的碳酸盐岩岩石孔隙度是比较好的可用于判定采用的GeoAgent算法模型是否准确的标准之一。

基于GeoAgent的碳酸盐岩研究是通过碳酸盐岩岩石图像进行的。碳酸盐岩岩石图像的获得途径众多，通过偏光显微镜等设备从碳酸盐岩岩石玻片上得到的岩石图像的分辨率较高，是非常重要的岩石图像获得途径。

为了保证基于GeoAgent获得的碳酸盐岩岩石孔隙度的准确性，必须注意对碳酸盐岩岩石玻片进行甄别、筛选。如果碳酸盐岩岩石玻片上有指纹、油迹或划痕等，或难以找到对应的用传统碳酸盐岩研究方法得到的碳酸盐岩孔隙度指标值，是不能用于基于GeoAgent的碳酸盐岩岩石孔隙度研究的。如果相同地层来源的碳酸盐岩岩石玻片，与用传统碳酸盐岩研究方法得到的碳酸盐岩研究指标中有矛盾的地方，其研究的可靠性值得怀疑，最好不要使用该玻片。

利用偏光显微镜从碳酸盐岩岩石玻片上获得的碳酸盐岩原始图像的存储格式不一定相同，所以，要注意对所有碳酸盐岩原始图像进行相同的预处理。利用碳酸盐岩岩石图像获得碳酸盐岩岩石孔隙度的关键在于选择合适的二值化算法，将碳酸盐岩岩石图像转换为二值图像，利用二值化像素点数量占碳酸盐岩岩石图像总像素点数量的百分比获取碳酸盐岩的岩石孔隙度。这种研究方法会经历GeoAgent的算法迭代过程，它以向可信的目标值逐步逼近的方式得到最后的结果，同时实现GeoAgent的算法迭代。

利用GeoAgent技术得到的碳酸盐岩岩石孔隙度可以与利用传统碳酸盐岩研究方法得到的碳酸盐岩岩石孔隙度进行对比检验，因此，不用担心利用GeoAgent技术得到的碳酸盐岩岩石孔隙度不准确，这一研究方法也更容易得到其他碳酸盐岩研究人员的认可。

（四）利用碳酸盐岩岩石玻片获得碳酸盐岩的岩溶发育速度

碳酸盐岩的岩溶发育速度对碳酸盐岩地区的碳酸盐岩研究有着重要的意义，它是一项很重要且常见的研究指标。碳酸盐岩的岩溶发育速度有一个特点，即它和碳酸盐岩岩石孔隙度密切相关，可以借助不同时期的碳酸盐岩试样的岩石孔隙度进行岩溶发育速度的换算。由于不同时期的碳酸盐岩试样的外形和体积是一致的，将不同时期的通过GeoAgent技术得到碳酸盐岩试样的岩石孔隙度值相减，再结合在不同时期同一碳酸盐岩采样点获得的碳酸盐岩试样的质量、密度，就可以换算出碳酸盐岩试样的岩溶发育速度。

因为碳酸盐岩地区的气候变化和该地区的碳酸盐岩岩溶发育速度密切相关，所以碳酸盐岩岩溶发育速度是碳酸盐岩地区气候变化研究中很理想的研究指标。因此，在已经获得碳酸盐岩岩石孔隙度的前提下（不管是通过GeoAgent技术获得的还是通过传统碳酸盐岩研究方法获得的），碳酸盐岩岩溶发育速度相对于其他碳酸盐岩研究指标来说，是比较容易获得的。

碳酸盐岩岩石孔隙度与很多通过传统碳酸盐岩研究方法得到的其他碳酸盐岩研究指标密切相关，在很多基于传统碳酸盐岩研究方法的碳酸盐岩研究中，研究人员一般都会先进行碳酸盐岩岩石孔隙度研究，因此，在基于传统方法进行的碳酸盐岩研究中一般也会有碳酸盐岩岩溶发育速度的研究成果。

由于方法比较成熟，这些碳酸盐岩岩溶发育速度的研究成果一般被认为是比较准确的，可以作为GeoAgent技术在碳酸盐岩研究应用时的算法迭代目标值，这为通过GeoAgent技术获得碳酸盐岩岩溶发育速度提供了良好的研究基础。对基于GeoAgent技术的碳酸盐岩地区碳酸盐岩研究而言，碳酸盐岩岩溶发育速度也是很好的GeoAgent算法迭代逼近的依据指标。

在利用GeoAgent技术进行的碳酸盐岩岩溶发育速度研究中，研究人员应先找到至少两张同一采样点、不同采样时间的碳酸盐岩试样和岩石玻片。如果碳酸盐岩试样和岩石玻片的数量不足，需要设法去碳酸盐岩采样点重新进行样本收集。在获得足够的碳酸盐岩试样和岩石玻片后，可以利用偏光显微镜分别获得不同采样时间的碳酸盐岩岩石图像，利用GeoAgent算法模型得到不同采样时间的碳酸盐岩岩石孔隙度。结合不同采样时间之间的天数、碳酸盐岩岩石孔隙度的变化情况，换算为该碳酸盐岩地区实际发生的岩溶作用造成的碳酸盐岩试样的质量损失，再利用碳酸盐岩试样的岩石密度，依据换算公式计算出每天的碳酸盐岩岩溶发育速度，最后换算为该碳酸盐岩每千年的岩溶发育速度。

针对碳酸盐岩岩溶发育速度研究而收集制作的碳酸盐岩岩石玻片，必须有碳酸盐岩试样，以便在必要时利用传统碳酸盐岩研究方法获得碳酸盐岩岩溶发育速度，与基于GeoAgent得到的碳酸盐岩岩溶发育速度进行对比，从而确定GeoAgent算法模型的准确性，便于其他碳酸盐岩研究人员进行验证。为了保证利用GeoAgent技术获得的碳酸盐岩岩溶发育速度是准确的，针对碳酸盐岩岩溶发育速度研究而收集制作的碳酸盐岩岩石玻片（不同采集时间）的数量至少要有两张，最好有更多的岩石玻片。有更多的不同采集时间的碳酸盐岩岩石玻片就可以以分组（每组两张）的形式进行碳酸盐岩岩溶发育速度研究。

基于GeoAgent技术，利用这些同一采样点、不同采样时间的碳酸盐岩岩石玻片试样组得到的碳酸盐岩岩溶发育速度应该是接近的。同一地层但采样点距离较远的碳酸盐岩试样，由于可能混入杂质，最好不作为GeoAgent算法迭代的依据。

从以上利用GeoAgent技术进行的碳酸盐岩岩溶发育速度研究方法可以发

现,碳酸盐岩岩溶发育速度和碳酸盐岩岩石孔隙度是密切相关的,只要能利用GeoAgent技术准确地获得碳酸盐岩岩石孔隙度,就可以准确地获得碳酸盐岩岩溶发育速度。在利用GeoAgent技术进行碳酸盐岩岩石孔隙度和岩溶发育速度的算法迭代时,两者的算法迭代过程基本一致,只是在最后的数据处理阶段,需要利用碳酸盐岩岩石孔隙度的差值和采集的时间间隔来计算碳酸盐岩的岩溶发育速度,两者的计算公式和过程有一定差异。

(五)利用碳酸盐岩岩石孔隙度获得碳酸盐岩地区气候变化曲线

局部地区的气候变化研究有着非常重要的研究意义。在碳酸盐岩地区气候变化研究中,如常见的基于石笋的碳酸盐岩地区气候变化研究,研究结果一般都包括了气候变化曲线,可以比较直观地反映该地区的气候变化情况。碳酸盐岩地区的气候变化,对碳酸盐岩地区的环境演化有着非常重要的意义,是气候变化研究的重要组成部分,值得碳酸盐岩研究人员重视。

碳酸盐岩地区的气候变化和碳酸盐岩地区的岩溶作用是密切相关的。当碳酸盐岩地区处于温暖和湿润的地质时期时,碳酸盐岩地层间的岩溶作用会加快,使碳酸盐岩的岩石孔隙度在相同时间内的变化量增大;当碳酸盐岩地区处于寒冷和干燥的地质时期时,碳酸盐岩地层间的岩溶作用会减慢,使碳酸盐岩的岩石孔隙度在相同时间内的变化量减小。因此,在碳酸盐岩地区,碳酸盐岩的岩溶研究是很好的碳酸盐岩地区气候变化研究手段,值得相关研究人员重视。

在当前的碳酸盐岩地区气候变化研究中,石笋与岩溶沉积物是很常见的研究依据,在国内外有很多研究成果,起到了非常好的示范作用。利用碳酸盐岩地区采集的石笋和岩溶沉积物样本进行碳酸盐岩地区气候变化研究,其确定气候变化曲线时间轴的方法比较成熟,也比较容易被碳酸盐岩研究人员接受。国内碳酸盐岩研究人员应该注意在碳酸盐岩地区气候变化研究手段上的创新,不要仅停留在重复验证阶段。

要在碳酸盐岩地区气候变化研究中构建气候变化曲线,就必须有可靠的气候变化曲线时间轴的确定方法,这种方法应该与以石笋为样本等的研究方法一样,确定时间轴的原理是可以解释的,并且能够经得起对比验证。

那么,在利用GeoAgent技术进行碳酸盐岩地区气候变化研究时如何确定气候变化曲线的时间轴呢?碳酸盐岩地区的地层分布,是很好的气候变化时间依据,也比较容易被其他碳酸盐岩研究人员所接受,可以用来构建碳酸盐岩地区气候变化曲线的时间轴。因此,在利用GeoAgent技术进行碳酸盐岩地区气候变化研究时,要注意碳酸盐岩地层在地质历史上的连续性,研究人员应该先完成碳酸盐岩地区地层顺序的确定,最好不要有地质年代缺失。在利用GeoAgent技术获得碳酸盐岩的岩石孔隙度后,可以将碳酸盐岩岩石玻片的地层作为横轴,将碳酸盐岩的岩石孔隙度作为纵轴,以此构建碳酸盐岩地区气候变化曲线。

从多数碳酸盐岩地层的分布来看,最好选择三叠纪前后的地质时期作为碳酸盐岩地区气候变化研究的时间段。因为在很多碳酸盐岩地区,这一地质时期的碳酸盐岩样品比较容易收集,不容易出现因为碳酸盐岩样品采集困难而造成的地质年代缺失的问题。由于三叠纪前后的碳酸盐岩地层的数量是固定的,在每个碳酸盐岩地层采集的用于气候变化研究的碳酸盐岩样品并非越多越好,研究人员只需要采集可以反映所在碳酸盐岩地层岩石孔隙度的样品就可以了。

在很多碳酸盐岩地区,研究人员可以在每个碳酸盐岩地层采集3~5个碳酸盐岩样品,将其加工成碳酸盐岩岩石玻片后分别获得对应的碳酸盐岩岩石孔隙度。可以以加权平均的方式得到这些碳酸盐岩岩石孔隙度的平均值,将其作为代表该碳酸盐岩地层的碳酸盐岩岩石孔隙度值。再将加权平均后的各个碳酸盐岩地层的碳酸盐岩岩石孔隙度值作为纵坐标的值,将其与所在地层的横坐标配准后,就可以用平滑的曲线将这些碳酸盐岩岩石孔隙度值的配准点连接起来,从而得到一条曲线。这个曲线,就是反映碳酸盐岩地区气候变化的曲线。

由于碳酸盐岩地区三叠纪前后的碳酸盐岩地层的数量是固定的,所以利用碳酸盐岩岩石孔隙度加权平均值和地层配准的配准点不会太多,气候变化曲线上的点看起来比较稀疏。在数学上,有多种方法可以增加曲线节点的密度,从而实现对气候变化曲线的拟合。能够使用GeoAgent技术进行碳酸盐岩地区气候变化研究的研究人员,大多数都对曲线拟合不陌生。在组成碳酸盐岩地区的气候变化曲线的两个配准点之间(实际上是在两个碳酸盐岩地层之间),以通过其他研究途径得到的碳酸盐岩地区气候变化曲线为参照,保持现有气候变化趋势不变,用数学方法生成一些气候变化拟合节点,对GeoAgent的使用者而言不是一件困难的事情。这样借助数学拟合,用碳酸盐岩的岩石孔隙度生成的气候变化曲线的节点是比较理想的。

(六)利用碳酸盐岩岩溶发育速度获得碳酸盐岩地区气候变化曲线

在碳酸盐岩地区的碳酸盐岩研究中,碳酸盐岩岩溶发育速度是重要的研究指标,是碳酸盐岩地区气候变化研究的重要依据,很少有碳酸盐岩研究不进行岩溶发育速度研究。在CERP中,一般都会有碳酸盐岩岩溶发育速度的研究数据,碳酸盐岩研究人员可以很方便地调用,这为将碳酸盐岩岩溶发育速度应用到碳酸盐岩地区气候变化研究奠定了良好的基础。

碳酸盐岩的岩溶发育速度和碳酸盐岩地区气候变化是密切相关的,如果碳酸盐岩地区处于温暖和湿润的地质时期,碳酸盐岩地层间的岩溶作用会加快,碳酸盐岩的岩溶发育速度会加快;如果碳酸盐岩地区处于寒冷和干燥的地质时期,碳酸盐岩地层间的岩溶作用会减慢,碳酸盐岩的岩溶发育速度会减慢。碳酸盐岩岩溶发育速度对气候变化过程的响应与碳酸盐岩岩石孔隙度对气候变化过程的响应是相似的,两者都可以用于碳酸盐岩地区气候变化研究。

碳酸盐岩的岩溶发育速度可以通过传统碳酸盐岩研究方法获得,也可以利用GeoAgent技术获得。不论碳酸盐岩岩溶发育速度是通过何种方法获得的,都可以用于碳酸盐岩地区气候变化研究。在CERP中,只要是研究区内的碳酸盐岩岩溶发育速度数据,就可以直接作为碳酸盐岩地区气候变化的研究数据。但CERP中的碳酸盐岩岩溶发育速度数据,不一定会涵盖碳酸盐岩地区的所有碳酸盐岩地层,缺失地层的碳酸盐岩岩溶发育速度数据需要研究人员设法补足。

在碳酸盐岩地区的碳酸盐岩研究中,如果研究人员进行了碳酸盐岩岩石孔隙度研究,就可以很容易地通过不同时间点的碳酸盐岩岩石孔隙度差异获得碳酸盐岩岩溶发育速度,所以,如果先进行了碳酸盐岩岩石孔隙度研究,一般都会有碳酸盐岩岩溶发育速度的研究数据。如果CERP中的数据只有部分碳酸盐岩地层的碳酸盐岩岩石孔隙度数据，而没有岩溶发育速度数据，研究人员可以借助GeoAgent模型来获得碳酸盐岩岩溶发育速度，也可以根据CERP研究记录中对应的碳酸盐岩试样，借助传统碳酸盐岩研究方法来获得。

与碳酸盐岩岩石孔隙度类似，碳酸盐岩岩溶发育速度和碳酸盐岩地区气候变化是密切相关的，是很好的气候变化研究依据，可以用来构建碳酸盐岩地区气候变化曲线。将碳酸盐岩地区各个地层的碳酸盐岩岩溶发育速度作为纵坐标值，将碳酸盐岩地层按先后顺序排列作为横坐标值，可以得到碳酸盐岩地区气候变化节点，利用这些节点就可以构建碳酸盐岩地区气候变化曲线。

和利用碳酸盐岩岩石孔隙度构建碳酸盐岩地区气候变化曲线类似，由于碳酸盐岩地区三叠纪前后的碳酸盐岩地层数量是固定的，碳酸盐岩岩溶发育速度的节点不会很多，也需要通过数学方法增加气候变化曲线的拟合点。

以碳酸盐岩岩溶发育速度和以碳酸盐岩岩石孔隙度构建的碳酸盐岩地区气候变化曲线不应该是完全重合的，两条气候变化曲线的局部可能会有细微差别，但它们反映的气候变化趋势，如气候冷暖峰谷的出现位置等应该是一致的，因为它们是同一碳酸盐岩地区的气候变化曲线。

为了尽可能减少曲线拟合过程造成的气候变化曲线差异，它们采取的数学拟合方法最好一致。同时，利用碳酸盐岩岩溶发育速度构建的气候变化曲线是利用碳酸盐岩岩石孔隙度构建的气候变化曲线很好的对比依据。如果只利用碳酸盐岩岩石孔隙度建立碳酸盐岩地区气候变化曲线，那么很难验证这种研究结果的可靠性，需要与通过其他研究方法得到的该地区的气候变化曲线进行对比分析。而碳酸盐岩地区的碳酸盐岩岩溶发育速度是碳酸盐岩岩石孔隙度的进一步研究成果，有了碳酸盐岩岩石孔隙度构建的碳酸盐岩地区气候变化曲线，就能比较容易获得利用碳酸盐岩岩溶发育速度构建的碳酸盐岩地区气候变化曲线。将这两条气候变化曲线放到同一个坐标系中，它们不会完全重合，但其气候变化趋势一定是相同的，这也是判定利用GeoAgent技术得到的碳酸盐岩地区气候变化研究结果是否可信的重要依据。

利用传统碳酸盐岩研究方法和GeoAgent技术得到的碳酸盐岩岩溶发育速度构建的碳酸盐岩地区气候变化曲线也不是完全重合的，由于它们都反映的是相同地区的气候变化情况，呈现出的气候变化趋势应该是相同的，可以相互作为验证曲线。

（七）利用已经公开发表的研究成果获得碳酸盐岩地区气候变化曲线

任何研究都不能忽视本研究领域已经公开发表的学术论文或专著等研究成果，不能忽视对已经公开发表的本研究领域数据的运用，地学领域也不例外。碳酸盐岩地区气候变化研究作为地学研究的重要组成部分，要重视已经发表的碳酸盐岩地区碳酸盐岩研究方面的学术论文或专著，以及已经发表的碳酸盐岩地区气候变化研究数据。

由于碳酸盐岩地区气候变化研究中使用的研究样本不同，很多公开发表的论文主要关注的是碳酸盐岩地区现代气候变化情况，如通过树轮、长期气候观测数据等进行碳酸盐岩地区气候变化研究，其气候变化研究的时间尺度一般为几十年。以重庆碳酸盐岩地区的某山为例，教育、气象和国土等部门都对当地的气候及水文变化情况进行了时间较长的观测研究。这些研究数据是非常宝贵的，都是为该地区气候变化研究服务的，研究人员可设法在保证所有研究参与单位与人员权益的前提下，与之开展合作，使这些碳酸盐岩地区的研究数据合法合规地服务于更多的碳酸盐岩气候变化研究。这些碳酸盐岩地区的研究很重要，特别是对研究近三十年碳酸盐岩气候变化趋势来说是很好的基础，对国民经济建设有着重要的意义。但这些研究在碳酸盐岩地区的地质历史气候变化方面往往有所欠缺，缺少较多以千年为时间尺度的碳酸盐岩地区气候变化研究数据，需要进行以石笋或岩溶沉积物等为依据的、以千年为时间尺度的碳酸盐岩地区气候变化研究。

值得碳酸盐岩研究人员注意的是，碳酸盐岩地区气候变化研究成果不能仅从期刊等出版物中搜集，在很多文学类、历史类或民俗类的出版物中，可能也会有气候变化的相关记载，是很好的碳酸盐岩地区气候变化研究资料。碳酸盐岩研究人员需要加大对这类出版物中气候变化记载及其时间节点数据的搜集力度。很多碳酸盐岩地区，例如重庆碳酸盐岩地区，有较多公开发表的针对地区气候变化研究学术论文或专著。因此，研究人员比较容易从公开发表的论文或专著中找到该地区碳酸盐岩地层的气候变化节点,并依据这些公开发表的研究成果得到碳酸盐岩地区气候变化曲线。依据这些研究成果得到的气候变化曲线是很好的利用GeoAgent技术得到该地区碳酸盐岩岩石孔隙度或岩溶发育速度的有穷自动机模型的算法迭代依据。以有穷自动机模型算子调整的方式对利用公开发表的研究数据得到的气候变化曲线进行目标逼近,是比较理想的GeoAgent算法迭代方式。

在选用以公开发表的研究数据得到的碳酸盐岩地区气候变化曲线时,要注意仔细甄别数据的可靠性与权威性:当不同刊物中的同一碳酸盐岩地区、同一碳酸盐岩地层的气候变化数据存在冲突时,建议采用学术认可度较高的刊物;当同一作者在不同时期发表的同一碳酸盐岩地区、同一碳酸盐岩地层的气候变化数据存在冲突时,一般不建议采用该作者的研究结果,如果受到研究数据较少的限制仍需采用,建议采用该作者后期的研究结果;当同一刊物中的不同作者获得的同一碳酸盐岩地区、同一碳酸盐岩地层的气候变化数据存在冲突时,建议采用学术认可度较高的作者的研究结果;当通过不同研究方法得到同一碳酸盐岩地区、同一碳酸盐岩地层的气候变化数据存在冲突时,建议按照"石笋—岩溶沉积物—地磁—地史"的顺序选用研究结果;如果某一碳酸盐岩地区有研究人员运用了冰川、黄土等非碳酸盐岩研究方法进行了气候变化研究,可以采用该研究结果(采信程度参照利用石笋进行的研究)。

这些公开发表的碳酸盐岩地区气候变化研究成果,应该涵盖碳酸盐岩地区的所有地层,不能有地层缺失。如果实在无法找到某些碳酸盐岩地层的研究数据,建议将该碳酸盐岩地区的气候变化曲线按照缺失的地层分为若干段曲线,并进行文字说明。当同一碳酸盐岩地层有多个气候变化数据时,研究人员可以根据有穷自动机的需要取加权或算术平均值,也可以构建同地层数组值。这些平均值或数组值,可以作为基于GeoAgent的碳酸盐岩地区气候变化研究中有穷自动机算法迭代的目标逼近值,在不影响碳酸盐岩岩石孔隙度或岩溶发育速度数据的基础上,进行碳酸盐岩地区气候变化曲线的拟合,利用拟合实现有穷自动机算法迭代的目标逼近。

(八)碳酸盐岩地区气候变化曲线的对比分析

气候变化曲线是气候变化研究的重要成果,更是碳酸盐岩地区气候变化研究的重要成果。不论是全球还是局部地区,气候变化的研究依据不论是石笋还是其他,得到的气候变化曲线都需要仔细对比分析。在以石笋为研究依据的碳酸盐岩地区气候变化研究中,根据不同采样点采集的石笋样本得到的气候变化曲线也需要仔细对比分析。利用GeoAgent技术进行的碳酸盐岩地区气候变化研究,和以石笋为研究依据进行的碳酸盐岩地区气候变化研究类似,其研究成果中都应该包括碳酸盐岩地区气候变化曲线,且应该对气候变化曲线进行对比分析,来保证利用GeoAgent技术得到的碳酸盐岩地区气候变化曲线的可靠性与可信性。

以GeoAgent技术为研究手段进行的碳酸盐岩地区气候变化研究,通常利用碳酸盐岩岩石孔隙度和岩溶发育速度来构建碳酸盐岩地区气候变化曲线,这些气候变化曲线是否可信也是需要仔细对比分析的。利用已经公开发表的学术论文或专著中的研究数据获得碳酸盐岩地区气候变化曲线,对碳酸盐岩地区气候变化研究中的GeoAgent算法模型进行迭代,是比较容易得到其他碳酸盐岩研究人员认可的GeoAgent算法迭代方式。

一般而言,在碳酸盐岩地区气候变化研究中,研究人员可以构建三条气候变化曲线,包括利用碳酸盐岩岩石孔隙度、岩溶发育速度和公开发表的研究数据构建的气候变化曲线。由于采取了不同的气候变化曲线构建方法且这个过程经过了数学拟合,当这三条气候变化曲线呈现在同一坐标系中时,它们不应该是完全重合的,但这三条气候变化曲线反映的是同一碳酸盐岩地区的气候变化情况,所以它们的变化趋势应该是相同的,特别是气候变化曲线中冷暖峰值的位置应该是相近的。

在进行通过不同研究方法得到的碳酸盐岩地区气候变化曲线的对比时,要注意对比的曲线应该是在相同时间段内的,即横轴上的地层分布应该是相同的。只有相同地质时期的气候变化曲线才可以对比,不同地质时期的气候变化曲线是不能彼此验证的。

用于对比分析的三条碳酸盐岩地区气候变化曲线如果使用了不同的数学

拟合方法，那么应该先去掉这些气候变化曲线的拟合，再使用相同的数学方法重新拟合，最后进行对比分析。如果三条气候变化曲线是通过数学分析软件拟合构建的，那么应该使用相同的数学分析软件。

如果三条气候变化曲线是通过编程的方式拟合构建的，那么应该使用相同的编程代码，最好能公开这些编程代码（在不涉密的情况下）以保证拟合的可信度与可重复性。考虑到编程代码的可重复性与发表时的版权问题，研究人员使用的编程工具应该是具有合法商业授权或开源的编程工具。如果在编码拟合的过程中需要使用数据库，要注意所选的数据库应该具有合法商业授权或选用开源的数据库。以编程方式进行气候变化曲线拟合的代码开发工作量不大，应尽量由一位程序开发人员来完成，在代码编写过程中尽量不更换人员，以避免程序员对拟合算法理解不一致造成的拟合差异。

如果使用数学方法拟合后的碳酸盐岩地区气候变化曲线的趋势与原气候变化曲线趋势有明显差异，则最好使用未经拟合的初始曲线进行对比。需要注意的是，在同一坐标系中对比不同的气候变化曲线时，同一地层、不同曲线的节点值（碳酸盐岩岩石孔隙度、岩溶发育速度或已经公开发表的数据值）有出入是正常的，即使绝对值差异较大也是可以接受的，但它们的变化趋势（曲线的高低起伏变化）应该是一致的，冷暖峰值的位置应该是相近的。

如果利用碳酸盐岩岩石孔隙度和利用碳酸盐岩岩溶发育速度构建的气候变化曲线的变化趋势一致，但都与利用已公开发表的数据构建的气候变化曲线的变化趋势不一致，一般认为利用碳酸盐岩岩石孔隙度和碳酸盐岩岩溶发育速度构建的气候变化曲线更为准确（已公开发表的该地区各地层的气候变化值建议只作参考）。

（九）碳酸盐岩地区气候变化研究中有穷自动机模型的迭代

将人工智能技术应用到地学领域时，人工智能的算法模型很难一次性建立成功，往往需要进行人工智能算法模型的多次迭代，才能得到合适的算法模型。将GeoAgent技术应用于碳酸盐岩地区气候变化研究时，GeoAgent算法模型不能凭空建立，一定要在现有基础上审慎选择算法模型的迭代依据，以确保研究成果的可靠性，让其他碳酸盐岩研究人员能够认可这一GeoAgent算法迭代过程。

用于碳酸盐岩地区气候变化研究的GeoAgent算法模型，通常也无法一次就建立成功，需要经过多次算法迭代才能得到适合的GeoAgent算法模型。在进行GeoAgent算法迭代时，需要找到合适的已有研究成果作为对比依据。通过传统碳酸盐岩研究方法获得的碳酸盐岩岩石孔隙度和岩溶发育速度是很好的将GeoAgent技术应用于碳酸盐岩地区气候变化研究的算法迭代依据。CERP中的碳酸盐岩研究数据是很好的GeoAgent算法模型迭代的对比依据。因此，在碳酸盐岩地区气候变化研究的GeoAgent算法模型迭代过程中，CERP是重要的GeoAgent算法迭代工具，研究人员要重视对CERP的利用，重视对CERP中碳酸盐岩研究数据的挖掘，尽可能地提高GeoAgent算法模型迭代过程的自动化与智能化程度。

可用于碳酸盐岩研究的GeoAgent算法模型有很多，选择合适的GeoAgent算法模型是比较重要的工作。这个工作不仅关系到利用GeoAgent技术得到的碳酸盐岩地区气候变化研究结果是否准确，还关系到其他碳酸盐岩研究人员能否接受这一GeoAgent算法模型。

在以传统碳酸盐岩研究方法得到的研究资料中，有很多是用自然语言描述的，研究人员在引入GeoAgent算法模型时，最好先进行自然语言形式化，将这些自然语言转换为形式语言，以自动机的方式引入GeoAgent。这是比较成熟和理想的将GeoAgent技术用于碳酸盐岩地区气候变化研究的技术路线，有着重要的意义。目前，在GeoAgent中使用的自动机有很多种，不同的地学研究领域具体使用哪种自动机需要研究人员仔细分析。

本研究认为，有穷自动机是比较适合在碳酸盐岩地区开展碳酸盐岩相关研究的自动机模型。由于有穷自动机映射的有穷性，用于碳酸盐岩地区碳酸盐岩研究的算法也是有穷的，研究人员可以用有限的数学算法来描述和实现GeoAgent的算法编程，可见，有穷自动机比较适合用于GeoAgent的重复性验证和编程检验，具有明显的优势。有穷自动机可以借助映射算法的算子调整来进行算法的迭代，是比较理想的将GeoAgent技术引入碳酸盐岩地区碳酸盐岩研究的自动机，其迭代过程也比较容易被其他碳酸盐岩研究人员理解。

在利用有穷自动机进行基于GeoAgent的碳酸盐岩地区碳酸盐岩研究时，可以借助不同时期的碳酸盐岩岩石孔隙度和岩溶发育速度进行数据鉴别，找到最接近碳酸盐岩岩石玻片采集时间的碳酸盐岩岩石孔隙度和岩溶发育速度数据，将其作为有穷自动机的算法迭代依据，以目标逼近的方式逐步调整有穷自动机的算子，使利用GeoAgent技术得到的碳酸盐岩岩石孔隙度和岩溶发育速度逐步逼近通过传统碳酸盐岩研究方法得到的碳酸盐岩岩石孔隙度和岩溶发育速度（算法迭代目标）。这个算子调整的过程，就是面向碳酸盐岩地区碳酸盐岩研究的有穷自动机算法迭代过程。

其中，准确的、可信的和可重复的碳酸盐岩地区的碳酸盐岩岩石孔隙度数据，是利用GeoAgent技术进行碳酸盐岩地区碳酸盐岩研究的基础，没有准确的碳酸盐岩岩石孔隙度数据，就无法获得准确的碳酸盐岩岩溶发育速度。因此，在有穷自动机的算法迭代过程中，必须选择准确的、可信的碳酸盐岩岩石孔隙度作为目标逼近值，且算子调整的步长不能太大，这样才能逐步构建起面向碳酸盐岩地区碳酸盐岩研究的有穷自动机模型，并在此基础上构建面向碳酸盐岩地区气候变化研究的GeoAgent算法模型。

（十）碳酸盐岩地区气候变化曲线的拟合

为了保证气候变化曲线能准确地反映碳酸盐岩地区的气候变化情况，以石笋等为研究依据获得的碳酸盐岩地区气候变化曲线上的气候变化节点一般是比较密集的。但在利用GeoAgent技术进行碳酸盐岩地区气候变化研究时，会遇到气候变化曲线上的气候变化节点比较稀疏的问题。这是因为碳酸盐岩地区的碳酸盐岩地层的数量一般是有限的，不会出现无限数量地层分布的情况。一个碳酸盐岩地层对应一个碳酸盐岩岩石孔隙度值或岩溶发育速度值，因此，整个碳酸盐岩地区的碳酸盐岩岩石孔隙度值和岩溶发育速度值受限于碳酸盐岩地层数量，都不会太多。如果利用碳酸盐岩地区各地层的碳酸盐岩岩石孔隙度值和岩溶发育速度值来构建气候变化曲线，则构成气候变化曲线的节点不会太多，这不利于气候变化曲线的推广和应用。

可见，与以石笋为依据的碳酸盐岩气候变化研究手段相比，直接用碳酸盐岩地区各地层的碳酸盐岩岩石孔隙度值和岩溶发育速度值构建的气候变化曲线有改进的空间,有必要在相邻地层之间增加节点的密度,即对曲线进行数学拟合。在利用GeoAgent技术进行的碳酸盐岩地区气候变化研究中,气候变化曲线的数学拟合是完全可行的,也比较容易被其他碳酸盐岩研究人员接受。

选择合适的气候变化曲线拟合方法对碳酸盐岩地区气候变化曲线的构建非常重要。曲线的数学拟合是比较成熟的技术,可以用于曲线拟合的方法有很多,但本研究所使用的GeoAgent模型是基于有穷自动机迭代的,所以本研究使用的碳酸盐岩地区气候变化曲线拟合方法必须是对有穷自动机友好的拟合方法。

筛选气候变化曲线拟合方法的原则有以下几个:第一,对有穷自动机友好是最重要的前提;第二,该方法应该被研究团队多数成员所接受;第三,因为曲线拟合需要借助编程或数学分析软件来实现,所以曲线拟合方法的难度必须适中,要适合多数碳酸盐岩研究人员使用。

从曲线拟合的实践来看,在利用GeoAgent技术进行碳酸盐岩地区气候变化研究时,如果选择了将有穷自动机作为GeoAgent的数学模型,那么马鞍线曲线算法是比较合适的曲线拟合方法。首先,马鞍线曲线算法的难度不大,比较适合碳酸盐岩研究人员使用,多数本科及以上学历的碳酸盐岩程序员都能较好掌握,不易出现算法理解困难或多个程序员协同编程时的算法理解偏差等问题。其次,研究人员能运用马鞍线曲线算法较好地控制节点增加的密度,在编程上比较容易实现和完成重复验证。再次,只要算法设置得当,通过马鞍线曲线算法加密节点一般不会改变曲线的变化趋势。最后,马鞍线曲线算法的开放源代码比较容易收集。

碳酸盐岩地区气候变化曲线的数学拟合不应该改变曲线原有的变化趋势,这一点非常重要,违背这一原则的曲线拟合方法不能选用。在用马鞍线曲线算法进行碳酸盐岩地区气候变化曲线拟合时,只要算子设置恰当,前后拟合点的值一般只在某一区间范围内变化,基本能保持曲线的变化趋势不变。在编程实践中,只要控制好拟合点值分布区间,就可以在维持碳酸盐岩地区气候变化曲线的变化趋势不变的同时，在原气候变化曲线的两个气候变化节点之间，以数学拟合的方式增加一定数量的节点，从而实现碳酸盐岩地区气候变化曲线上气候变化节点的增加。为保证气候变化节点增加的均匀性，最好通过横向和纵向的双循环，借助相等的、合适的循环步长来实现。

与其他可应用于碳酸盐岩地区气候变化曲线的数学拟合方法相比，基于马鞍线曲线算法的气候变化节点增加和有穷自动机算法迭代的吻合度比较高，不受GeoAgent算法模型中有穷自动机算法迭代的影响，即有穷自动机的算法迭代过程不会对运用马鞍线曲线算法获得的曲线拟合效果产生明显的影响。在碳酸盐岩地区气候变化曲线的拟合过程中，马鞍线曲线算法一经确定，后续的校正工作量比较小。在曲线拟合算法中，马鞍线曲线算法是比较简单的，便于多数有理工类教育背景的研究人员理解。因此，马鞍线曲线算法是比较理想的碳酸盐岩地区气候变化曲线拟合算法。

二、实验手段

（一）偏光显微镜的使用

显微镜是一种重要的科研工具，在生命科学研究领域有着广泛的用途，在地学研究领域的岩石研究方面也是不可缺少的。在岩石研究中，偏光显微镜得到了广泛应用，是很好的研究工具。利用GeoAgent技术进行的碳酸盐岩地区气候变化研究，需要广泛地使用碳酸盐岩岩石图像。碳酸盐岩岩石图像可以通过多种途径获得，如电子显微镜、偏光显微镜等，本研究主要将偏光显微镜作为碳酸盐岩岩石图像的获取工具。

本研究不选择电子显微镜的原因是电子显微镜的普及度没有偏光显微镜高，不利于重复验证研究的进行。偏光显微镜是碳酸盐岩研究中广泛使用的科研仪器，价格相对低，但性能让大多数研究人员满意，很多高校和科研单位的实验室都有配备，是比较常见的科研仪器。因此，以偏光显微镜结合GeoAgent技术进行的碳酸盐岩地区气候变化研究一般不会遇到固定资产新购的问题。

由于碳酸盐岩岩石成分鉴定的需要，碳酸盐岩地区会积累一定数量的碳酸盐岩岩石玻片，这可以有效地减少研究中的磨片经费。相比其他碳酸盐岩岩石图像获取设备，偏光显微镜的价格是很多科研团队可以接受的，比较适合碳酸盐岩研究人员使用。还有一些设备获取的碳酸盐岩岩石图像分辨率远高于偏光显微镜，但这些设备的价格一般也远高于偏光显微镜。如果不考虑研究成本，这些设备也是非常适合进行碳酸盐岩研究的。

考虑到研究经费的限制，本研究认为偏光显微镜是获取碳酸盐岩岩石图像的最好选择，比较适合在利用GeoAgent技术进行的碳酸盐岩地区气候变化研究中使用。基于GeoAgent的碳酸盐岩地区气候变化研究需要很多碳酸盐岩研究人员参与并重复验证，所以必须考虑碳酸盐岩岩石图像获取设备的价格，只有设备能被多数科研单位接受，这项研究技术才有可能在碳酸盐岩研究人员中得到推广。

碳酸盐岩岩石图像获取设备的操作最好不要太复杂，最好是碳酸盐岩研究人员经过短期培训就可以上手实践的设备，不需要针对设备设置专门的岗位。偏光显微镜的操作并不复杂，对学术型硕士研究生来说并不困难。这一点非常重要，因为岩溶信息系统研究方向的学术型硕士研究生的本科教育背景有很大差异，研究所选择的科学仪器必须是多数学术型硕士研究生能够迅速掌握的仪器。学会使用偏光显微镜容易，精通并不容易，在进行研究意义重大的碳酸盐岩岩石玻片的岩石图像采集时，必须有教师在场对学术型硕士研究生进行指导与检查。

在利用碳酸盐岩岩石玻片进行碳酸盐岩偏光显微图像采集时，要注意采集的偏光显微图像应该具有代表性。由于采集的图像实际只对应碳酸盐岩岩石玻片的很小一部分，为了保证采集的碳酸盐岩岩石图像具有代表性，能真正地反映碳酸盐岩岩石孔隙度等研究指标，研究人员可以采取多次图像采样的方式。每张碳酸盐岩岩石玻片建议采集6~9张碳酸盐岩岩石图像，图像的采集位置应该均匀地覆盖整张岩石玻片。对于学术型硕士研究生，一般要求他们在每张碳酸盐岩岩石玻片上采集9张岩石图像，图像采集位置按九宫格式排列，均匀地覆盖整张岩石玻片。在保存碳酸盐岩偏光显微图像时，要注意命名规则的设置，即碳酸盐岩岩石图像的文件名应该包括碳酸盐岩岩石玻片的编号、九宫格的位置编号、采集日期和操作员编号等。

利用偏光显微镜获得岩石图像时，应注意保存原始采集图像，以防在后期研究中，因进行碳酸盐岩岩石图像格式转换而影响了研究的重复性验证结果。在整个研究过程中，建议不要更换图像浏览与处理软件，以确保研究人员对软件的操作是一致的。由于在利用GeoAgent技术进行的碳酸盐岩地区气候变化研究中，需要使用很多的碳酸盐岩岩石图像，所以，单张碳酸盐岩岩石图像文件占用的存储空间最好不要太大，以防对研究使用的硬盘或CERP造成影响。如果以图像处理的方式降低单张图像文件大小，相应的工作量比较大。从碳酸盐岩岩石图像的单张图像文件占用的存储空间大小来看，偏光显微镜也是比较适合用于获取碳酸盐岩岩石图像的设备。

(二)碳酸盐岩岩石玻片的使用

岩石样本的岩性分析是在岩石研究中广泛使用的，属于比较成熟、可靠的岩石研究技术，在碳酸盐岩研究中也有着广泛的应用。将岩石样本加工成岩石玻片，并借助偏光显微镜进行岩石成分分析，是比较常见的研究方式，该方式在碳酸盐岩岩性分析中也有着广泛的应用，没有岩石玻片就无法利用偏光显微镜获得岩石图像。在碳酸盐岩研究中，特别是在碳酸盐岩地区的岩石成分分析中，研究人员经常使用碳酸盐岩岩石玻片来进行岩石成分鉴定，所以，碳酸盐岩岩石玻片是常见的碳酸盐岩研究用品。研究人员也可以通过对岩石切面的观察来判断岩石的成分，但岩石玻片还是比较重要的岩性分析依据。利用偏光显微镜获取碳酸盐岩岩石图像和进行碳酸盐岩成分分析都一定会用到碳酸盐岩岩石玻片，而进行碳酸盐岩研究的研究机构一般都会积累一些碳酸盐岩岩石玻片。碳酸盐岩岩石玻片上的岩石薄片有对应的碳酸盐岩岩石孔隙度和岩溶发育速度，所以，碳酸盐岩岩石玻片是利用GeoAgent技术进行碳酸盐岩地区气候变化研究的基础。如果岩石玻片存在问题，那么其研究成果的准确性很难得到其他碳酸盐岩研究人员的认可。

碳酸盐岩岩石玻片来自从碳酸盐岩地层中采集的碳酸盐岩样品，一个碳酸盐岩样品可能加工为若干个碳酸盐岩岩石玻片。这些岩石玻片一定要仔细编号，以避免混淆碳酸盐岩岩石玻片对应的碳酸盐岩地层，直接影响碳酸盐岩地区气候变化曲线的准确性。碳酸盐岩岩石玻片如果没有地层记录是不能用于基于GeoAgent的碳酸盐岩地区气候变化研究的。

在CERP中，碳酸盐岩岩石玻片是底层数据库中的重要关联列，研究人员必须仔细推敲岩石玻片的命名规则。首先，玻片的编号不能重复，每个碳酸盐岩岩石玻片都是唯一的，即使由同一个碳酸盐岩样本加工而来的碳酸盐岩岩石玻片的编号也应该不同，可以按照一定编码规则对玻片编号的最后几位字符进行区分。其次，碳酸盐岩岩石玻片的编号要反映碳酸盐岩地层信息，这样基于岩石玻片获得的碳酸盐岩岩石图像才能与碳酸盐岩地层形成映射关系。最后，碳酸盐岩玻片的编号需要与碳酸盐岩样品关联起来，要能够根据玻片编号知道碳酸盐岩样品信息，进而获得该岩石玻片对应的地层等信息。上述信息是碳酸盐岩岩石玻片编号必须包含的信息，岩石玻片的加工时间、碳酸盐岩样品采集人等信息是否或如何纳入编号，可以由研究负责人在征询数据库管理人员的意见后再商定。

碳酸盐岩岩石玻片上使用的胶水对人体有害，要注意提醒使用者做好个人安全防护。研究中的碳酸盐岩岩石玻片需要仔细保管（最好使用玻片架存放），同一玻片架盒中，最好只保存同一碳酸盐岩样品制作的岩石玻片。重要的碳酸盐岩岩石玻片要特别保管，以防保管不善导致玻片丢失。

在用偏光显微镜分析碳酸盐岩岩石玻片前，要对使用者进行培训。例如要提醒使用者注意轻拿轻放碳酸盐岩岩石玻片，避免产生较大振动导致玻片里的碳酸盐岩薄片破裂，从而影响利用GeoAgent技术获得的碳酸盐岩岩石孔隙度和岩溶发育速度的准确性。在借助偏光显微镜获取碳酸盐岩岩石图像时，研究人员最好一次连续完成，尽量减少主观因素导致的误差，需处理的岩石玻片数量较多时，注意提前规划好时间。要注意记录研究过程中偏光显微镜的光照设置，确保在图像采集全过程的光照是一致的。为防止室温变化导致碳酸盐岩岩石玻片热胀冷缩而影响碳酸盐岩岩石孔隙度结果，研究进行时最好控制室内温度恒定不变。在利用GeoAgent技术进行碳酸盐岩地区气候变化研究时，同一碳酸盐岩地层的碳酸盐岩岩石玻片并非越多越好，研究人员只需要选择具有代表性的碳酸盐岩样品制作的碳酸盐岩岩石玻片就可以了。

在使用曾用于研究的碳酸盐岩岩石玻片获取岩石图像时，必须先检查这些碳酸盐岩岩石玻片是否保存良好，是否有因保存不善而导致的裂痕。一些保存较久、使用次数较多的碳酸盐岩岩石玻片上可能会有油渍或指纹痕迹，在使用偏光显微镜获取岩石图像之前，要注意做好玻片的痕迹清理工作，以防影响研究结果。有的碳酸盐岩岩石玻片因保存不善，岩石薄片有部分缺失，不要随意丢弃这些有缺失的岩石玻片，要仔细分析它们是否还可以用于碳酸盐岩地区气候变化研究。由于利用GeoAgent技术进行的碳酸盐岩地区气候变化研究所使用的碳酸盐岩岩石图像，不是碳酸盐岩岩石玻片中全部薄片的反映，所以有部分缺失的岩石玻片可能也可用于碳酸盐岩地区气候变化研究。

（三）碳酸盐岩岩石图像的筛选

岩石图像是岩石研究中比较常见的研究依据，在碳酸盐岩研究中也有着广泛的应用，是基于GeoAgent的碳酸盐岩地区气候变化研究的重要研究依据。利用GeoAgent技术进行的碳酸盐岩地区气候变化研究，主要通过对碳酸盐岩岩石图像的处理与分析，得到碳酸盐岩岩石孔隙度和岩溶发育速度，基于此进行气候变化分析，建立气候变化曲线。所以，在基于GeoAgent的碳酸盐岩地区气候变化研究中，利用偏光显微镜和碳酸盐岩岩石玻片获得的碳酸盐岩岩石图像是不可缺少的研究依据。由于不是每张碳酸盐岩岩石图像都适用于碳酸盐岩地区气候变化研究，所以，需要对已经获得的碳酸盐岩岩石图像进行仔细地比对和筛选。

本研究使用的碳酸盐岩岩石玻片很多原本是为了进行碳酸盐岩岩性分析而磨制的，所以，有时会出现同一碳酸盐岩地层有很多碳酸盐岩岩石玻片的情况，如果属于同一碳酸盐岩地层的碳酸盐岩岩石玻片的数量较多，选择比较纯净的10块玻片用于获取岩石图像就可以了。有的用于岩性分析的碳酸盐岩岩石图像，可能经过了多种图像或滤镜处理，这种非原始的碳酸盐岩岩石图像，可能会对GeoAgent的算法迭代产生干扰，不适用于本研究。有的用于岩性分析的碳酸盐岩岩石图像上有明显的油渍或裂纹，也不适用于碳酸盐岩地区气候变化研究。

所有通过偏光显微镜获得的原始碳酸盐岩岩石图像应该用单独的文件夹

保存，要避免出现因格式转换而被覆盖的情况。有的图像处理软件不能直接打开原始碳酸盐岩岩石图像，需要格式转换后才能用于碳酸盐岩地区气候变化研究，格式转换的过程应使用相同的软件。在使用编程工具以图像控件的方式打开原始碳酸盐岩岩石图像时，不一定能直接打开图像，如果要使用开源图像控件，那么全部碳酸盐岩岩石图像都应该用相同的开源图像控件操作。

由于商业图像控件一般不公开控件的代码，很难知道该商业图像控件在打开图像像素点点阵时是否有另外的设置，所以不建议在基于GeoAgent的碳酸盐岩地区气候变化研究中使用商业图像控件。编程工具如Visual Studio等自带图像控件，由于该控件应用的广泛性，使用该自带图像控件是可以接受的。

所有原始碳酸盐岩岩石图像的分辨率是需要得到保证的，分辨率不能低于本研究要求的最低分辨率，所以，在利用偏光显微镜获得碳酸盐岩岩石图像时，要仔细核对偏光显微镜的分辨率。如果用图像处理软件对原始碳酸盐岩岩石图像进行插值而提高了分辨率，其分辨率不能作为判断是否满足本研究要求的标准，最好不选用这些岩石图像。

碳酸盐岩岩石图像在文件夹中的创建时间，应该和文件夹中其他图像文件的创建时间没有明显冲突，如果图像文件的创建时间有明显差异，说明文件夹中的图像很可能不是同一批原始碳酸盐岩岩石图像，要仔细核对它们能否用于基于GeoAgent的碳酸盐岩地区气候变化研究。如果碳酸盐岩岩石图像在文件夹中的创建时间与历史数据中碳酸盐岩样品的采集时间矛盾，比如早于碳酸盐岩样品的采集时间，是不适合作为用于碳酸盐岩地区气候变化研究的碳酸盐岩岩石图像的。

因为同一批原始碳酸盐岩岩石图像使用的是相同的偏光显微镜，所以这些岩石图像的分辨率是相同的，在同一文件夹中原始岩石图像的文件大小应该是接近的，如果某一张岩石图像的文件明显大于或小于其他图像，说明该岩石图像文件很可能不是原始岩石图像，要仔细分析该岩石图像能否用于GeoAgent的碳酸盐岩地区气候变化研究。如果在获取原始碳酸盐岩岩石图像过程中存在有误操作，比如误将碳酸盐岩岩石玻片装反，这样获得的图像，必须删除，不能用于本研究。

原始碳酸盐岩岩石图像一般是保存在硬盘阵列中的，对于在研究场所找到的移动存储设备中的碳酸盐岩岩石图像，一定要仔细核对其来源，再决定是否用于研究，来源不明的碳酸盐岩岩石图像不能使用。

在利用碳酸盐岩岩石玻片采集碳酸盐岩岩石图像时，不同操作人员的操作习惯可能会有一些差异。为避免这种操作习惯差异影响碳酸盐岩地区气候变化研究结果，建议在借助偏光显微镜获得碳酸盐岩岩石图像时，尽量减少操作人员的更换。在实际的图像获取工作中，可能会有一些由错误操作产生的图像，这些错误或无用图像在发现时需要立即删除，以免混入硬盘阵列中再难找到。如果这些错误或无用图像混入硬盘阵列中，由于采集设备等是一样的，所以一般命名规则也是一样的，很容易影响碳酸盐岩岩石图像选择上传的效率。

需要注意的是，当碳酸盐岩岩石图像导出为PDF文件时，应该使用相同的第三方控件或API（应用程序编程接口）。这些第三方控件或API一般都是开源的，在发表研究成果时，研究人员要注意查看第三方控件或API作者的版权声明，注意其用途限制。要注意及时将研究获得的碳酸盐岩岩石图像引入CERP中，并将其与CERP中的碳酸盐岩岩石图像进行对比分析。在利用GeoAgent技术进行碳酸盐岩地区气候变化研究时，如果要使用开源函数或开放源代码，一定要注意是否可以长期稳定地获得这些开源函数或开放源代码，有风险的开源函数或开放源代码要谨慎使用。

（四）基于传统碳酸盐岩研究方法的研究结果的筛选

在自然科学的很多研究领域，都会有比较成熟的传统研究方法，地学研究领域也不例外，在碳酸盐岩研究领域内形成了独特的传统碳酸盐岩研究方法。碳酸盐岩地区的碳酸盐岩研究作为地学研究领域的重要学术分支，有比较长的研究历史，积累了带有显著专业特色的传统碳酸盐岩研究方法，为GeoAgent技术在碳酸盐岩地区气候变化研究中的应用奠定了良好的基础。其重要意义在于，没有作为基础的传统碳酸盐岩研究方法积累的碳酸盐岩研究数据，就没有可信的、可靠的GeoAgent算法模型的迭代目标逼近值，就无法确定用GeoAgent技术获得的碳酸盐岩岩石孔隙度或岩溶发育速度是否准确，GeoAgent技术在碳酸盐岩地区气候变化研究中的应用也就无从谈起。所以,利用GeoAgent技术进行碳酸盐岩地区气候变化研究,不能脱离基于传统碳酸盐岩研究方法的研究结果(以下简称"TCRM研究结果")的对比分析,没有TCRM研究结果就没有基于GeoAgent的碳酸盐岩地区气候变化研究结果。

那么,什么样的TCRM研究结果符合利用GeoAgent技术进行的碳酸盐岩地区气候变化研究的需要呢?要解答这个问题,就需要对TCRM研究结果做深入分析与鉴别。TCRM研究结果要明确与碳酸盐岩样品编号对应,对应的碳酸盐岩样品编号和碳酸盐岩岩石玻片编号应该是有映射关系的。如果没有碳酸盐岩样品编号,就无法查清利用传统碳酸盐岩研究方法得到的碳酸盐岩岩石孔隙度或岩溶发育速度对应的地层信息,就不能用于基于GeoAgent的碳酸盐岩地区气候变化研究。

传统碳酸盐岩研究方法使用的碳酸盐岩样品和加工制成碳酸盐岩岩石玻片的碳酸盐岩样品的出处应该是相同的,这样才能保证碳酸盐岩样品和碳酸盐岩岩石玻片的地层信息一致,才可以用于基于GeoAgent的碳酸盐岩地区气候变化研究。传统碳酸盐岩研究方法使用的碳酸盐岩样品可能是很久以前采集的,在使用前要仔细分析重新采样的可能性,优先选择可以在原碳酸盐岩采样点重新采样的TCRM研究结果,这样可以提高研究的可重复性。很多TCRM研究结果是保存在纸质材料上的,要先仔细核对材料的完整性和真实性,再输入数据库。由于各种原因,部分TCRM研究结果可能有缺失,要仔细分析这种数据缺失是否会影响GeoAgent技术在碳酸盐岩地区气候变化研究中的应用。

部分TCRM研究结果可能来源于碳酸盐岩室内模拟实验,没有碳酸盐岩岩石玻片,要仔细分析重新采集碳酸盐岩样品并加工为碳酸盐岩岩石玻片的可能性,如果可以重新采样并制作碳酸盐岩岩石玻片,那么这些TCRM研究结果也是可以在基于GeoAgent的碳酸盐岩地区气候变化研究中使用的。如果无法或重新采样或制作碳酸盐岩岩石玻片,那么应该仔细分析这些TCRM研究结果的潜在用途,不能直接用于研究中。部分较早的TCRM研究结果的记录方式可能不规范,在使用这些数据前需要仔细分析,对数据的合规性做出判断后,再决定是否可以将其引入基于GeoAgent的碳酸盐岩地区气候变化研究。部分

TCRM研究结果在录入计算机时，可能会出现录入错误，所以，对于重要碳酸盐岩采样点的数据，要注意核对计算机中的记录和纸质记录的一致性，有条件的情况下，可以安排两位录入员进行录入工作。部分TCRM研究结果可能只有碳酸盐岩岩溶发育速度数据，没有碳酸盐岩岩石孔隙度数据，这需要研究人员分析能否利用已有的碳酸盐岩研究数据反推碳酸盐岩岩石孔隙度数据，这个反推过程一定要经得起检验。部分TCRM研究结果可能只有碳酸盐岩单轴抗压强度数据，没有碳酸盐岩岩石孔隙度和岩溶发育速度数据，它们可以作为碳酸盐岩地区岩溶作用研究的辅助指标使用。如果基于GeoAgent技术得到的碳酸盐岩岩石孔隙度或岩溶发育速度的值很大，碳酸盐岩单轴抗压强度却很小，说明还需要分析利用GeoAgent技术得到的碳酸盐岩研究结果的可靠性。

近年来出现的CERP是很好的TCRM研究结果保存方式。在将TCRM研究结果引入CERP时，要注意分析研究结果的数据完整性，与TCRM研究结果有关的数据、文件应该尽可能地进行数字化处理后再引入到CERP中，以备利用GeoAgent技术进行碳酸盐岩地区气候变化研究时使用。TCRM研究结果中有些是含有杂质的碳酸盐岩样本的研究结果，这些研究结果在引入CERP时，要注意标明样本不纯（不能随意舍弃这些数据），这样才能防止通过这些含有杂质的碳酸盐岩样本得到的TCRM研究结果，干扰碳酸盐岩地区气候变化研究中GeoAgent的算法迭代。将TCRM研究结果系统地引入CERP前，要仔细分析TCRM研究结果中是否有矛盾之处，比如碳酸盐岩样本的岩石孔隙度或岩溶发育速度和岩溶微生物研究结果是否矛盾。如果岩溶水中硝化菌-反硝化菌的研究结果表明当地岩溶微生物对碳酸盐岩岩溶作用的影响较大，而利用传统碳酸盐岩研究方法得到的碳酸盐岩岩石孔隙度或岩溶发育速度的值比较小，需要仔细分析利用传统碳酸盐岩研究方法得到的碳酸盐岩研究数据是否可靠，是否可以录入CERP。

（五）面向碳酸盐岩地区气候变化研究的GeoAgent算法模型的选择

基于GeoAgent的碳酸盐岩地区气候变化研究必须重视GeoAgent算法模型的选择。其研究方法是利用GeoAgent技术获得碳酸盐岩的岩石孔隙度和岩溶发育速度，在此基础上，利用碳酸盐岩岩石孔隙度和岩溶发育速度构建碳酸盐岩地区气候变化曲线。所以,在碳酸盐岩地区利用GeoAgent技术进行气候变化研究,要建立可靠的、适用于碳酸盐岩地区的GeoAgent算法模型,才有可能获得准确的碳酸盐岩岩石孔隙度和岩溶发育速度。可以用于碳酸盐岩地区气候变化研究的GeoAgent算法模型有很多,如各种自动机等,研究人员需要从中选择适合本研究的GeoAgent算法模型。这个GeoAgent算法模型主要用于获取碳酸盐岩的岩石孔隙度和岩溶发育速度,应该像其他人工智能算法模型一样具备数据输入、数据处理和数据输出的能力,可以以代码编程或软件操作的方式实现。

本研究将碳酸盐岩岩石图像的像素点点阵数据作为输入值输入GeoAgent算法模型,可以得到作为碳酸盐岩地区气候变化研究依据的碳酸盐岩岩石孔隙度或岩溶发育速度(GeoAgent算法模型的输出数据)。因此,本研究所使用的面向碳酸盐岩地区气候变化研究的GeoAgent算法模型是具有完整的数据输入、数据处理与数据输出功能的算法模型。

选用的GeoAgent算法模型对计算任务量的要求,最好和研究团队的硬件配置相匹配,不要超过硬件设备的计算能力上限,即尽可能立足于现有设备进行研究(如果经费充足,可申请设备更新)。为了充分利用现有硬件设备,可以用移动设备进行GeoAgent算法模型的数据采集与输入、输出结果的显示,用服务器完成GeoAgent算法模型的计算任务。这样做的前提是,执行GeoAgent算法模型计算任务的服务器带宽必须能够满足数据采集与结果显示的需要,所以该服务器最好使用专线。稳定的网络有利于更多碳酸盐岩学者参与基于GeoAgent的碳酸盐岩地区气候变化研究。

选用的GeoAgent算法模型对输入数据的要求,要符合研究团队掌握的现有数据的实际情况;对输出数据的要求,要符合研究团队现有硬件设备与软件设备的实际情况,输出结果应该符合用于碳酸盐岩地区气候变化研究的研究目的;对数据处理的要求,要符合研究团队的算法实现能力。如果GeoAgent算法模型的数据处理过程过于复杂,研究团队难以直接或借助软件实现算法模型的编程,那么该算法模型不适用于本研究。

需要注意的是,不能用教师的标准来衡量整个研究团队的算法能力,研究团队的算法能力主要由团队中的学术型硕士研究生和高年级本科生决定。因此,用于碳酸盐岩地区气候变化研究的GeoAgent算法模型的复杂程度,必须和研究团队中多数人员的能力相匹配(本研究团队中,主要由高年级本科生进行编程,由学术型硕士研究生使用MATLAB与SCILAB软件)。此外,本研究团队的学术型硕士研究生多数是地理信息系统专业的学生,不一定擅长GeoAgent的算法模型推导,需要重视与信息科学领域研究人员的沟通,有条件的团队可引进信息科学研究人员参与面向碳酸盐岩地区气候变化研究的GeoAgent算法模型的筛选与推导。

近年来,人工智能技术有很大的进展,开源的人工智能代码较多,在筛选用于碳酸盐岩地区气候变化研究的GeoAgent算法模型时,要考虑算法模型和开源的人工智能代码的匹配程度,最好可以直接利用这些开源的人工智能代码来实现GeoAgent算法模型,这样可以明显提高GeoAgent算法模型的实现效率。人工智能技术在信息科学领域取得的新进展,有很多体现在人工智能算法模型上,在算法筛选、推导过程中,要对这些面向碳酸盐岩地区气候变化研究的GeoAgent算法模型新进展予以重视。

(六)有穷自动机的构建

基于GeoAgent的碳酸盐岩地区气候变化研究需要构建GeoAgent算法模型,具体用什么算法来构建GeoAgent算法模型要根据研究需要仔细鉴别、筛选。本研究在进行GeoAgent算法模型筛选时发现,有穷自动机是目前找到的最适用于基于GeoAgent的碳酸盐岩地区气候变化研究的算法模型之一。利用传统方法进行的碳酸盐岩研究多数都使用自然语言,在将这些自然语言的研究资料转为形式语言时,各种自动机使用得比较多,其中就包括有穷自动机。本研究比较倾向将有穷自动机作为算法模型,是因为有穷自动机模型具有完整的数据输入、数据处理与数据输出功能。在面向碳酸盐岩地区气候变化研究的GeoAgent算法模型中,有穷自动机比较适合碳酸盐岩岩石图像的像素点点阵输入,对碳酸盐岩岩石图像的阈值分析处理比较友好,在碳酸盐岩的岩石图像分析方面具有明显优势。在碳酸盐岩岩石图像的像素点点阵中,像素点的数量虽然多,但不是无穷的,所以,利用有穷自动机处理点阵输入完全没有问题。

由于有穷自动机的映射数量是有限的,对计算工具的硬件要求不高,低配的服务器或高配的计算机主机都可以达到有穷自动机的计算任务要求,比较符合研究团队的实际硬件条件。在将自然语言形式化的过程中,有穷自动机对研究人员的数学能力要求不像其他算法模型那么高,能与研究团队中的大多数成员的实际数学能力相匹配,研究人员比较容易掌握。在利用GeoAgent技术进行碳酸盐岩地区气候变化研究时,要注意有穷自动机中包含的算法不要太繁琐。太过复杂的算法在编程实现时对人力资源的要求很高,虽然也有能够应用于GeoAgent的算法模型,但对本研究团队而言,地理信息系统专业的高年级本科生普遍难以掌握这些算法。和比较复杂的算法模型相比,有穷自动机算法模型的基本原理比较简单,大多数研究团队的成员能快速入门,并较快掌握,这可以有效地提高本算法编程实现的效率。

在现阶段的碳酸盐岩地区气候变化研究中,GeoAgent的算法编程主要依靠程序员来完成,人工智能编程工具主要起辅助编程作用。因此,研究团队中的程序员在进行GeoAgent算法模型的编程时,一般都会使用代码托管网站中的开源函数或开放源代码。和大部分算法模型相比,有穷自动机对代码托管网站中的开源函数和开放源代码比较友好,这些开源函数和开放源代码比较容易获得,并能以代码审计的形式反推完整的有穷自动机,有利于GeoAgent的算法实现。在很多代码托管网站上,有大量使用软件(如MATLAB)进行人工智能实现的例子,其实现过程对面向碳酸盐岩地区气候变化研究的GeoAgent算法模型实现有很好的借鉴意义。在利用编程工具或MATLAB、SCILAB等进行GeoAgent的算法实现时,非碳酸盐岩研究领域有很多比较成熟的应用有穷自动机的先例,这些应用先例可以作为有穷自动机应用于碳酸盐岩地区气候变化研究的参考。

本研究主要通过碳酸盐岩的岩石孔隙度和岩溶发育速度来构建碳酸盐岩地区气候变化曲线,而有穷自动机是很好的获取碳酸盐岩岩溶发育速度和岩石孔隙度的算法。运用有穷自动机对输入的碳酸盐岩岩石图像的像素点点阵数据进行处理后,在对每个岩石图像像素点的灰度值进行二值化处理的基础上,可以将碳酸盐岩的岩石孔隙度和岩溶发育速度作为有穷自动机的输出数据，用于碳酸盐岩地区气候变化曲线的构建。如果采用遍历法完成这个过程，就会对服务器的计算能力有一定要求，所以，本研究利用有穷自动机来减少服务器的计算任务量。将很多已经公开发表的碳酸盐岩地区气候变化研究论文输入有穷自动机后，可以得到公开发表的碳酸盐岩地区气候变化研究数据，这些数据是很好的利用GeoAgent技术进行碳酸盐岩地区气候变化研究的对比分析依据。

（七）碳酸盐岩岩石孔隙度的获取

碳酸盐岩的岩石孔隙度是碳酸盐岩地区气候变化研究的重要依据，它可以通过传统碳酸盐岩研究方法获得，也可以利用GeoAgent技术获得，通过这两种研究方法获得的碳酸盐岩岩石孔隙度都可以用于碳酸盐岩地区气候变化研究。

利用GeoAgent技术进行的碳酸盐岩地区气候变化研究，主要通过碳酸盐岩岩石孔隙度构建碳酸盐岩地区气候变化曲线，即GeoAgent技术是研究方法，获得的碳酸盐岩岩石孔隙度是研究依据，构建的碳酸盐岩地区气候变化曲线是研究结果。所以，在利用GeoAgent进行碳酸盐岩地区气候变化研究时，碳酸盐岩岩石孔隙度是很重要的气候变化研究指标。利用GeoAgent进行碳酸盐岩岩石孔隙度研究的一个重要前提是，要将三维的碳酸盐岩岩石孔隙度变成二维的碳酸盐岩岩石图像进行分析，所以在进行研究之前，研究人员需要明晰将三维的碳酸盐岩岩石孔隙度变成二维的碳酸盐岩岩石图像的基本原理，并做好解释工作。

基于GeoAgent的碳酸盐岩岩石孔隙度主要是分析通过偏光显微镜和碳酸盐岩岩石玻片获得的碳酸盐岩岩石图像得到的。将碳酸盐岩岩石图像以像素点点阵的形式输入有穷自动机时，要务必确保图像像素点点阵中的全部像素点被输入，不能采取抽样读取的形式（在以横向和纵向的双循环方式输入岩石图像的像素点时务必注意本原则）。虽然碳酸盐岩岩石图像的抽样读取和全部点阵输入的目视结果区别不大，但在有穷自动机的图像处理阶段，两种方式会导致输出结果有很大区别，不能因为抽样读取的速度更快而采用该方式。

将碳酸盐岩岩石图像的像素点全部输入后，应该仔细筛选，并针对所有像素点的灰度值进行阈值二值化处理。此处碳酸盐岩岩石图像的像素点灰度值，不一定要使用标准的灰度公式计算，也可以使用研究团队自定义的灰度公式（这个自定义灰度公式有一定的商业价值，在学术交流时要注意介绍方式）。不管用的是什么灰度公式，都必须先将RGB值形式的碳酸盐岩岩石图像像素点转为灰度值，才能进行阈值二值化处理。这一阶段，碳酸盐岩岩石图像由RGB图像变成了和原有图像有明显差异的灰度图像，是有穷自动机的结果呈现。实现这个过程的编码不太难，大多数研究团队中的地理信息专业的学生都可以使用编程工具以代码编程的形式完成，因此不建议在这一编程过程中使用开源控件；对于研究团队中的自然地理学专业的学生而言，这个过程可以借助MATLAB等软件来完成，虽然有点难度，但是经过一定训练是可以实现的。将碳酸盐岩岩石图像转为灰度图像之后，必须选择合适的灰度值作为分界值进行碳酸盐岩岩石图像的阈值二值化处理。

这个用于分界的灰度值是本研究的关键，在实际操作中，研究人员往往会参考TCRM研究结果，以数学统计的方式进行有穷自动机的迭代，以目标逼近的方式逐步确定。这个过程描述起来简单，实际上需要研究人员尝试多种方法，有一定的商业价值，所以在向其他碳酸盐岩研究人员介绍时还需要仔细考虑如何保障研究团队的利益。也可以使用SPSS（社会科学统计软件包）以统计模型边界值的方式确定碳酸盐岩岩石图像的灰度阈值，但在结果发表时需要进行说明。这个灰度阈值一定是位于碳酸盐岩岩石图像的灰度值分布区间之中的。有穷自动机使碳酸盐岩岩石图像由灰度图像变成二值图像。如果黑色像素点代表孔隙，白色像素点代表非孔隙，用代表碳酸盐岩孔隙的黑色像素点的数量除以所有像素点的数量，就能得到该碳酸盐岩的岩石孔隙度了。

在利用GeoAgent技术获得碳酸盐岩岩石孔隙度后，要仔细校验该岩石孔隙度值。首先，要将该岩石孔隙度值与已开展过的研究或CERP中的碳酸盐岩岩石孔隙度值进行对比分析，查看是否有结果异常的情况，如果结果出现异常，要仔细分析原因。其次，要注意与使用传统碳酸盐岩研究方法获得的数据进行对比，如果两种方法得到的结果有异常，说明需要考虑利用GeoAgent技术获得的碳酸盐岩孔隙度值的可信度，并分析异常原因。最后，要注意该岩石孔隙度值与碳酸盐岩典型测试的响应，如单轴抗压强度测试，要仔细分析碳酸盐岩单轴抗压强度值很大且碳酸盐岩岩石孔隙度值也很大的情况。

（八）碳酸盐岩岩溶发育速度的获取

碳酸盐岩岩溶发育速度是非常常见的碳酸盐岩研究指标，也是和岩石孔隙度密切相关的研究指标，可以用于碳酸盐岩地区气候变化研究。碳酸盐岩岩溶发育速度可以借助碳酸盐岩样品的岩石孔隙度以公式换算的方式得到，所以，与碳酸盐岩岩石孔隙度研究方法类似，碳酸盐岩岩溶发育速度也可以通过传统碳酸盐岩研究方法和GeoAgent技术获得。用这两种研究方法获得的碳酸盐岩岩溶发育速度，都是很好的碳酸盐岩地区气候变化研究的依据，可以用于碳酸盐岩地区气候变化研究。

在利用GeoAgent技术获得了碳酸盐岩岩溶发育速度的基础上，可以通过碳酸盐岩岩溶发育速度构建碳酸盐岩地区气候变化曲线。在以往的碳酸盐岩地区气候变化研究中，研究人员往往比较重视石笋等研究依据在气候变化研究中的应用，忽视了碳酸盐岩岩溶发育速度本身也是重要的碳酸盐岩地区气候变化研究指标。和利用石笋进行的碳酸盐岩地区气候变化研究相比，利用碳酸盐岩岩溶发育速度进行的碳酸盐岩地区气候变化研究在研究经费、自动化程度上有明显优势。

利用GeoAgent技术进行的碳酸盐岩岩溶发育速度研究，是建立在用GeoAgent技术进行碳酸盐岩岩石孔隙度研究的基础上的，一般先得到碳酸盐岩岩石孔隙度，再得到碳酸盐岩岩溶发育速度。基于GeoAgent的碳酸盐岩岩溶发育速度研究，需要先找到两张以上由碳酸盐岩样品（相同采样位置、不同采样时间）制作的碳酸盐岩岩石玻片，这样才能得到两张以上相同采样位置、不同采样时间的碳酸盐岩岩石图像，并利用GeoAgent的有穷自动机得到两个以上的碳酸盐岩岩石孔隙度值，从而得到两个以上的碳酸盐岩岩溶发育速度值。由于这些利用GeoAgent的有穷自动机得到的碳酸盐岩岩石孔隙度数据之间有时间差，将相邻两次采样之间的时间差换算成天数，结合数学公式推导，就可以得到每天碳酸盐岩岩溶发育变化情况，将每天的变化情况换算成千年，就可以得到每千年碳酸盐岩的岩溶发育情况(碳酸盐岩岩溶发育速度)。具体的换算公式可查阅已发表的相关论文，这里不再赘述。

与碳酸盐岩岩石孔隙度类似，按照碳酸盐岩地层时间顺序排序，计算这些相同碳酸盐岩地层的碳酸盐岩岩溶发育速度的加权平均值，并在坐标系(以地层为横坐标，以碳酸盐岩岩溶发育速度加权平均值为纵坐标)中构建碳酸盐岩地区气候变化曲线。

要注意相邻两张碳酸盐岩岩石玻片的制作时间不要太接近，否则得到的碳酸盐岩岩石孔隙度值的变化比较小，不利于碳酸盐岩岩溶发育速度的计算。还要注意碳酸盐岩岩溶发育速度的单位应该和TCRM研究结果相匹配，只有计量单位相同，两者才能进行比较。在传统碳酸盐岩研究方法中，碳酸盐岩试样的每千年溶蚀长度能够很好地反映碳酸盐岩岩溶发育速度，其单位为“mm/ka”，也适用于利用GeoAgent技术得到的碳酸盐岩岩溶发育速度。不同研究方法对碳酸盐岩岩溶发育速度的精度要求可能会有差异，一些TCRM研究结果中的岩溶发育速度值只保留了小数点后2~3位，这就要求在利用GeoAgent技术进行碳酸盐岩岩溶发育速度研究时，有穷自动机的算法迭代必须更加仔细。也应该仔细校验利用GeoAgent技术获得的碳酸盐岩岩溶发育速度的可信度。

(九)碳酸盐岩地区气候变化曲线的构建

在全球或局部地区的气候变化研究中，由于气候变化曲线可以清晰地呈现该地区在某时间段内的气候变化趋势，是重要的气候变化研究成果。碳酸盐岩地区气候变化研究也常用气候变化曲线来反映研究结果，它对碳酸盐岩地区未来气候变化研究有着重要的意义。

碳酸盐岩地区气候变化曲线的研究依据有很多，一般来说，利用石笋或岩溶沉积物进行的碳酸盐岩地区气候变化研究，其研究成果都包含了气候变化曲线。这些气候变化曲线的横坐标表示时间，纵坐标表示碳酸盐岩地区的冷暖值，能够比较直观地反映碳酸盐岩地区在某个时间段内的气候变化趋势。如果只将利用GeoAgent技术获得的碳酸盐岩样品的岩石孔隙度或岩溶发育速度以列表的方式呈现，很难直观地反映碳酸盐岩地区的气候变化情况。所以，利用GeoAgent技术进行的碳酸盐岩地区气候变化研究，也需要构建碳酸盐岩地区气候变化曲线。

与传统碳酸盐岩研究方法相似，基于GeoAgent构建的碳酸盐岩地区气候变化曲线的横坐标应表示时间，纵坐标反映碳酸盐岩地区气候变化冷暖值(一般用碳酸盐岩的岩石孔隙度或岩溶发育速度表示)。由于碳酸盐岩地区一般都会有已经公开发表的关于气候变化的学术论文或专著，这些研究成果多数都经历过同行评审，可信度较高，可以用于气候变化曲线的构建。这些研究成果大多数以碳酸盐岩地层为时间节点来进行碳酸盐岩地区气候变化曲线的构建，因此是很好的基于GeoAgent构建的碳酸盐岩地区气候变化曲线的对比依据，可以有效地促进GeoAgent算法模型的迭代。

基于GeoAgent构建的碳酸盐岩地区气候变化曲线的数值依据是利用GeoAgent技术获得的碳酸盐岩岩石孔隙度和岩溶发育速度，即将利用GeoAgent技术获得的碳酸盐岩岩石孔隙度、岩溶发育速度与地层数据结合作为气候变化节点，进而构建气候变化曲线。这些利用GeoAgent技术获得的碳酸盐岩岩石孔隙度和岩溶发育速度要在研究原理上是可信的，在研究方法上是可以重复的，相关碳酸盐岩的岩石图像数据应该是可公开的(涉密碳酸盐岩地层的碳酸盐岩岩石玻片不应用于要公开发表的研究)。

在构建碳酸盐岩地区气候变化曲线之前，应该将用传统碳酸盐岩研究方法与用GeoAgent技术获得的碳酸盐岩岩石孔隙度和岩溶发育速度进行比对，若两者存在明显异常，要仔细分析原因，找到异常原因后再决定是否用于构建碳酸盐岩地区气候变化曲线。若找不到异常原因，则这些用GeoAgent技术得到的碳酸盐岩岩石孔隙度和岩溶发育速度不能用于构建碳酸盐岩地区气候变化曲线。

对于在同一碳酸盐岩地层的多个碳酸盐岩采样点获得的多个岩石孔隙度或岩溶发育速度数据，可以取其平均数(是否采用加权平均的方法取决于碳酸盐岩岩石图像的纯净程度是否接近)。在实际碳酸盐岩地区气候变化研究中，如果在某个碳酸盐岩采样点收集的碳酸盐岩样本加工而成的碳酸盐岩岩石玻片不止一个，可以先对用GeoAgent技术得到的碳酸盐岩岩石孔隙度和岩溶发育速度进行加权平均处理，以加权平均公式取得每个碳酸盐岩采样点的碳酸盐岩岩石孔隙度和岩溶发育速度的平均值，再取同一碳酸盐岩地层所有碳酸盐岩采样点的碳酸盐岩岩石孔隙度和岩溶发育速度的平均值，将其作为该碳酸盐岩地层的代表性岩石孔隙度和岩溶发育速度，用于构建碳酸盐岩地区气候变化曲线。这一点很重要，即用于构建碳酸盐岩地区气候变化曲线的数据，是来源于由GeoAgent技术得到的碳酸盐岩岩石孔隙度和岩溶发育速度的加权平均值。如果同一碳酸盐岩采样点有多次碳酸盐岩样品采集记录，一定要先计算多次采样的岩石孔隙度和岩溶发育速度的加权平均值，再计算碳酸盐岩地层的岩石孔隙度和岩溶发育速度的加权平均值，在此基础上，才能进行碳酸盐岩地区气候变化曲线的构建。在以上研究成果公开发表时，要注意呈现加权平均公式。

（十）碳酸盐岩地区气候变化曲线的目标逼近

碳酸盐岩地区气候变化曲线可以通过多种研究方法构建，其中，包括借助传统碳酸盐岩研究方法或GeoAgent技术获得的碳酸盐岩岩石孔隙度或岩溶发育速度来构建。用传统碳酸盐岩研究方法得到的碳酸盐岩地区气候变化曲线的可信度较高，一般不需要进行气候变化曲线的目标逼近，而用GeoAgent技术得到的碳酸盐岩地区气候变化曲线需要进行气候变化曲线的目标逼近，以提高研究结果的准确性和可信度。

利用GeoAgent技术构建碳酸盐岩地区气候变化曲线的方式有三种：一是利用公开发表的碳酸盐岩地区气候变化数据构建碳酸盐岩地区气候变化曲线；二是利用GeoAgent技术得到的碳酸盐岩岩石孔隙度数据来构建碳酸盐岩地区气候变化曲线；三是利用GeoAgent技术得到的碳酸盐岩岩溶发育速度数据来构建碳酸盐岩地区气候变化曲线。

用这三种方法构建的碳酸盐岩气候变化曲线中，由于第一种方法使用的研究数据是经过同行评审且已经公开发表的，其准确性相对较高。因此，一般认为用公开发表的碳酸盐岩地区气候变化数据构建的碳酸盐岩地区气候变化曲线是准确的气候变化曲线，是用GeoAgent技术得到的碳酸盐岩岩石孔隙度和岩溶发育速度数据构建的碳酸盐岩地区气候变化曲线的目标逼近曲线，即将其作为标准曲线,调整GeoAgent有穷自动机的算法和算子,改进加权平均公式,以此来完成后两种方法构建的碳酸盐岩地区气候变化曲线的目标逼近。

在这个目标逼近过程中,必须严格遵循逐步逼近的原则,且GeoAgent的有穷自动机一经确定,就不能对它的算法做根本性的改动,只能对它的算法和算子进行细部调整(算子的调整也不宜过大),这样才能保证用GeoAgent技术构建的碳酸盐岩地区气候变化曲线逐步逼近用公开发表的数据构建的碳酸盐岩地区气候变化曲线。同时,这样也能防止在基于GeoAgent的碳酸盐岩地区气候变化研究中出现大量的重复与返工工作,从而有效提高研究效率。如果要对GeoAgent的算法模型进行比较大的改动,比如更换有穷自动机,那么使用有穷自动机获得的研究数据不宜再使用,建议重新开展研究,尽管这样会影响研究进度和研究成本。

在碳酸盐岩地区气候变化曲线的目标逼近过程中,要注意逼近后的碳酸盐岩岩石孔隙度和岩溶发育速度不能与使用传统碳酸盐岩研究方法获得的数据相差太远,也不能和CERP中的数据相互矛盾,这样才能保证气候变化曲线目标逼近过程中没有产生错误的碳酸盐岩指标值。要注意,利用GeoAgent技术得到的碳酸盐岩岩石孔隙度或岩溶发育速度是构建碳酸盐岩地区气候变化曲线的基础,没有准确的碳酸盐岩指标值就没有准确的碳酸盐岩地区气候变化曲线。公开发表的碳酸盐岩地区气候变化研究成果不一定能涵盖需要研究的碳酸盐岩地区的所有碳酸盐岩地层,其地层序列很可能有缺失。有缺失的碳酸盐岩地层数据,无法进行气候变化曲线的目标逼近,缺失的这部分数据可直接采用利用GeoAgent获得的碳酸盐岩岩石孔隙度或岩溶发育速度数据。这些没有经过目标逼近的曲线段,在气候变化曲线中应用不同颜色标明。

GeoAgent的有穷自动机算法的改动要兼顾气候变化曲线数学拟合算法的改动,而算子的改动对气候变化曲线数学拟合算法的影响不大,所以应该尽量减少有穷自动机算法的改动次数,尽量通过算子的调整来实现气候变化曲线的目标逼近。因为利用GeoAgent技术得到碳酸盐岩岩石孔隙度和岩溶发育速度数据构建的碳酸盐岩地区气候变化曲线都使用了相同碳酸盐岩地层的碳酸盐岩岩石孔隙度和岩溶发育速度的加权平均值,所以必须仔细推敲使用的这个加权平均公式。

(十一)碳酸盐岩地区气候变化曲线的数学拟合

在气候变化研究中,气候变化曲线节点的稀疏程度对气候变化研究有着非常重要的意义。上述提到的三条碳酸盐岩地区气候变化曲线,不管是利用公开发表的研究数据,还是用GeoAgent技术得到的碳酸盐岩岩石孔隙度或岩溶发育速度的加权平均值,都是建立在对碳酸盐岩地区碳酸盐岩地层气候变化研究的基础上的。

在气候变化研究中,气候变化曲线的时间轴是重要的研究内容,需要以可靠的研究依据来确定。在碳酸盐岩地区气候变化研究中,时间轴的确定也是比较困难的,不管是以石笋为研究依据的气候变化研究还是通过其他途径进行的气候变化研究,都必须在气候变化曲线坐标系中建立气候变化时间轴(往往是坐标系的横轴)。

碳酸盐岩地区的碳酸盐岩地层是自带时间属性的,每个碳酸盐岩地区的地层都有时间分布顺序。由于碳酸盐岩地区的碳酸盐岩研究都会先进行地层、地史研究,所以,一般情况下,碳酸盐岩地区的地层分布是清晰的。因此,在碳酸盐岩地区气候变化研究中,碳酸盐岩地区的碳酸盐岩地层是很好的气候变化曲线的时间轴依据。但将碳酸盐岩地层作为碳酸盐岩地区气候变化曲线的时间轴也有明显的缺点,那就是碳酸盐岩地层的数量较少,气候变化曲线时间轴上的节点数量明显不够,具体表现为碳酸盐岩地区气候变化曲线上的节点比较稀疏。和利用石笋、岩溶沉积物构建的碳酸盐岩地区气候变化曲线相比,利用GeoAgent技术构建的碳酸盐岩地区气候变化曲线比较粗略,气候变化节点更稀少。针对这种曲线气候变化节点不足的情况,我们可以通过数学拟合的方式对气候变化节点进行拟合补充。所以本研究在碳酸盐岩地层数量比较少的情况下,探讨使用数学方法对碳酸盐岩地区气候变化曲线进行拟合。

本研究中实现碳酸盐岩地区气候变化曲线拟合的方法是:将相邻两个气候变化节点之间的横轴区间等分为若干份,按一定规则对每个横轴等分点的纵坐标值赋值,从而在相邻两个气候变化节点之间添加大量的气候变化拟合节点,使碳酸盐岩地区气候变化曲线的节点不再稀疏。在信息科学研究领域,对曲线进行数学拟合的算法有很多,要慎重地选择拟合碳酸盐岩地区气候变化曲线的算法。一些常见的曲线拟合算法能否适用于碳酸盐岩地区气候变化研究,主要取决于利用该算法进行曲线拟合后,碳酸盐岩地区气候变化曲线的趋势是否会改变,重要气候变化节点的情况是否异常。在确定气候变化曲线拟合算法时,也要考虑实现编程算法的难度,这个拟合算法应该是本研究团队成员普遍可掌握的。信息科学研究领域内有很多曲线拟合的算法和案例,为碳酸盐岩地区气候变化曲线拟合提供了很好的参考。

经过多次筛选,本研究将马鞍线曲线算法作为碳酸盐岩地区气候变化曲线的数学拟合算法。这是因为马鞍线曲线算法在数学拟合算法中相对简单,算子的调整相对容易,可以同时应用于平面曲线拟合和立体曲面拟合,容易被本研究团队的程序员理解和掌握,在气候变化曲线拟合编程上不存在太大困难。

在进行了碳酸盐岩地区气候变化曲线的数学拟合后,三条碳酸盐岩地区气候变化曲线应该放入同一坐标系中,以便核对数学拟合的准确性。首先,数学拟合后的三条曲线的气候变化趋势应该是趋同的,因为三条气候变化曲线都是同一碳酸盐岩地区气候变化的反映,数学拟合不应改变碳酸盐岩地区气候变化曲线的趋势(走向),拟合后的三条气候变化曲线在相同地层节点的纵坐标值差异应该在本研究的允许范围之内。其次,数学拟合不应改变横轴上时间节点(碳酸盐岩地层节点)的位置,重要横轴时间节点对应的纵坐标值不应有太大的变化。最后,应该对三条碳酸盐岩地区气候变化曲线使用相同的数学拟合算法,即都使用马鞍线曲线算法,且马鞍线曲线算法中的算子设置应该相同,以减少数学拟合过程中产生的差异。此外,在气候变化曲线的数学拟合编程过程中,要注意编程代码的可控性,如果相关开放源代码使用了未开源的控件,不建议用于气候变化曲线的数学拟合。

(十二)碳酸盐岩地区气候变化曲线的对比与检验

在局部地区的气候变化研究中,由于气候变化研究依据不同,通常可以得到若干条气候变化曲线。而这些气候变化曲线反映的是同一地区的气候变化情况,因此,气候变化曲线的对比与检验十分有必要。通过传统碳酸盐岩研究方法和GeoAgent技术构建的碳酸盐岩地区气候变化曲线，也需要进行对比与检验。

在对比这两种研究方法构建的气候变化曲线之前，要先进行利用GeoAgent技术在碳酸盐岩地区气候变化研究中构建的三条气候变化曲线的对比与检验。如果没有相同的坐标系作为参照，三条气候变化曲线是难以进行对比分析的。所以，需要将这三条以不同研究依据构建的气候变化曲线放到同一坐标系中，直观地对比它们的变化趋势。由于这三条碳酸盐岩地区气候变化曲线反映的是同一碳酸盐岩地区的气候变化情况，所以曲线的变化趋势应该是相似的、趋同的，但因为构建它们的研究依据不同，所以三条曲线不应该是完全重合的。对比分析时，可以过坐标系横轴上的某一点作垂线，三条气候变化曲线与垂线相交的点不应该差得很远。如果这些与垂线相交的点的纵坐标值差异非常小（表现为点的重合或异常接近），也需要仔细分析原因。这三条气候变化曲线都使用了相同的数学算法进行曲线拟合，所以，拟合后的碳酸盐岩地区气候变化曲线在相同横轴区间（两个相邻的碳酸盐岩地层之间）的变化趋势应该是接近的。这三条气候变化曲线都反映了同一碳酸盐岩地区的气候变化情况，所以，其峰值和峰谷的位置应该是接近的，不应出现明显的位置差异，其横轴起点和终点也应该是相同的。

碳酸盐岩地区气候变化曲线侧面反映的是该地区岩溶发育速度的变化，所以，曲线呈现出的研究结果不应该和已经公开发表的碳酸盐岩地区岩溶发育速度的研究结果相矛盾，也不应该和该地区碳酸盐岩单轴抗压强度的研究结果有冲突。碳酸盐岩地区气候变化曲线是在碳酸盐岩岩石孔隙度和岩溶发育速度的基础上借助数学拟合构建的，所以，拟合后的碳酸盐岩岩石孔隙度和岩溶发育速度不应该相互冲突。碳酸盐岩地区气候变化曲线反映了岩溶发育速度的变化，岩溶发育速度对碳酸盐岩地区岩溶微生物分布有明显影响，所以，曲线呈现出的研究结果不应该与碳酸盐岩地区岩溶微生物的相关研究结果冲突。要仔细校验分析碳酸盐岩气候变化曲线与CERP中的岩溶微生物的相关研究数据，如果有矛盾，要仔细分析矛盾产生的原因，在此基础上判定气候变化曲线是否可信。利用GeoAgent技术构建的碳酸盐岩地区气候变化曲线，应该有助于碳酸盐岩地区碳酸盐岩单轴抗压强度和岩溶微生物研究结果的解释，而不应与这些研究结果有矛盾，如果出现矛盾，要仔细分析原因，分析碳酸盐岩地区气候变化曲线的可靠性。

CERP中的碳酸盐岩地区研究数据很多，可以利用数据挖掘技术对气候变化曲线进行校验。如果在对比检验中发现某条气候变化曲线与其他两条气候变化曲线有明显的差异，在没有特殊原因的情况下，一般判定其他两条气候变化曲线可信，应该重新生成该气候变化曲线，可以从GeoAgent算法模型的输出值着手，分析气候变化曲线的数学拟合过程是否有需要调整的地方，并通过调整拟合算法的算子，完成曲线的对比检验。在利用GeoAgent技术进行碳酸盐岩地区气候变化研究时，一定要坚持气候变化曲线的对比检验原则，只有三条气候变化曲线的变化趋势相近，才能证明基于GeoAgent的碳酸盐岩地区气候变化研究结果是可靠的。

（十三）碳酸盐岩地区气候变化曲线的使用

全球或局部地区的气候变化研究是为了通过研究过去的气候变化，预测未来的气候变化趋势，以此助力人类社会的可持续发展。作为气候变化研究的重要组成部分，利用GeoAgent技术进行碳酸盐岩地区气候变化研究，是为了更好地服务于国民经济建设，所以碳酸盐岩地区气候变化曲线的用途很重要。

利用GeoAgent技术构建的三条碳酸盐岩地区气候变化曲线有各自的使用场景与使用领域。利用公开发表的碳酸盐岩地区气候变化研究成果数据构建的气候变化曲线的优点是，这些气候变化研究数据都已公开发表，更容易获得学界的认同。在使用利用GeoAgent技术获得的碳酸盐岩岩石孔隙度构建的气候变化曲线时，一定要向使用者解释清楚构建该气候变化曲线的原理。利用GeoAgent技术获得的碳酸盐岩岩石孔隙度构建的气候变化曲线与碳酸盐岩单轴抗压强度研究关联密切，该气候变化曲线的变化趋势应与碳酸盐岩单轴抗压强度变化曲线有一定的响应关系，且应该对碳酸盐岩单轴抗压强度的变化趋势研究有一定的辅助作用，所以，该气候变化曲线在碳酸盐岩地区工程岩溶研究领域有很广泛的应用前景。利用GeoAgent技术获得的碳酸盐岩岩溶发育速度构建的气候变化曲线与碳酸盐岩的基础岩溶研究关联密切，所以，该气候变化曲线在碳酸盐岩地区基础岩溶研究领域有很广泛的应用前景。

有时，碳酸盐岩地区的工程建设需要了解该地区的气候变化历史，以对将要建设的工程做出充分的环境评估。这种因碳酸盐岩地区工程建设需要而进行的碳酸盐岩地区气候变化研究，和碳酸盐岩地区的基础岩溶研究有很大区别。因工程建设需要而进行的碳酸盐岩地区气候变化研究的研究区面积往往比较小，不像碳酸盐岩地区的基础岩溶研究，可以在很大的研究范围内寻找研究依据。石笋、岩溶沉积物等气候变化依据不容易在比较小的碳酸盐岩研究区中找到，所以，因碳酸盐岩地区工程建设需要而进行的碳酸盐岩地区气候变化研究比较难利用石笋和岩溶沉积物等进行。在碳酸盐岩地区进行工程建设前一般都会进行地质调查，所以，碳酸盐岩地区的碳酸盐岩地层分布情况一般都比较清楚。由于碳酸盐岩岩性分析的需要，有工程建设计划或在建项目的碳酸盐岩地区，一般会积累很多碳酸盐岩岩石玻片。不同于研究经费充足的碳酸盐岩地区基础岩溶研究中的气候变化研究，因工程建设需要而进行的碳酸盐岩地区气候变化研究的经费一般不多，已积累的碳酸盐岩岩石玻片能有效地降低研究成本。由于这种气候变化研究是为工程建设服务的，时间没有基础研究那样充裕，往往要求研究人员在几个月的时间内给出研究结果。

利用GeoAgent技术进行的碳酸盐岩地区气候变化研究周期显著短于利用石笋或岩溶沉积物等进行的气候变化研究周期。可见，对于面积相对较小的碳酸盐岩研究区，要在研究时间和研究经费比较紧张的情况下给出令人信服的碳酸盐岩地区气候变化研究结果，利用GeoAgent技术进行的碳酸盐岩地区气候变化研究是很理想的解决方案。利用GeoAgent技术进行的碳酸盐岩地区气候变化研究，也是利用石笋或岩溶沉积物进行的碳酸盐岩地区气候变化研究的良好补充。在利用石笋等进行过碳酸盐岩地区气候变化研究的研究区，能相对容易地获得少量碳酸盐岩岩石碎片，这些岩石碎片都可以加工成碳酸盐岩岩石玻片，应用于基于GeoAgent的碳酸盐岩地区气候变化研究。可以将利用GeoAgent技术和利用石笋进行的碳酸盐岩地区气候变化研究的研究结果进行对比。如果两种方法构建的气候变化曲线的变化趋势一致，那么这是比较理想的情况。如果两种方法构建的气候变化曲线的变化趋势不一致，一般而言，利用石笋构建的气候变化曲线更可信，要仔细分析利用GeoAgent技术得到的研究结果异常的原因。利用GeoAgent技术得到的碳酸盐岩岩石孔隙度构建的碳酸盐岩地区气候变化曲线，与碳酸盐岩地区硝化菌-反硝化菌的分布趋势有一定的响应关系，对碳酸盐岩地区岩溶微生物研究也有一定帮助。

（十四）碳酸盐岩地区气候变化研究中的安全事项

所有的科学研究都应该尽可能保证研究人员的安全，作为地学研究领域重要组成部分的碳酸盐岩研究也不例外，确保所有岩溶研究参与者的人身安全是头等重要的事情。在碳酸盐岩研究中发生安全事故是有可能的，因此，安全地进行基于GeoAgent的碳酸盐岩地区气候变化研究，是每个研究参与者必须重视的，碳酸盐岩研究人员只有在保证所有参与者安全的前提下才能推进碳酸盐岩研究。

在利用GeoAgent技术进行碳酸盐岩地区气候变化研究的过程中，可能发生安全事故的环节主要包括碳酸盐岩样品的采集、碳酸盐岩岩石玻片的加工与使用，以及计算机信息系统安全问题。和其他野外考察工作一样，碳酸盐岩样品采集存在比较大的安全风险，这类风险虽然可以通过购买保险来减少损失，但需要研究参与者增强风险意识和规则意识，尽量规避风险。在进行野外碳酸盐岩样品采集前，一定要对研究参与者进行系统的培训，杜绝或尽可能减少野外考察中安全事故的发生。野外碳酸盐岩样品采集所用的地图，应该由碳酸盐岩研究人员自己绘制；野外采样时所需的食品、药品与工具，应该由碳酸盐岩研究人员自己打包。一些常用的科研用品如纸质地图、帆布带、地质锤、罗盘、工兵铲等，应该在出发前，由团队成员相互检查以确认携带齐全。研究人员外出前要注意做好路线分析，尽量不徒涉河流（严禁单人徒涉河流）。在有落水洞、地下孔穴分布的研究区，要严格控制行进路线，防止意外发生。如果要在碳酸盐岩地区进行暗河采样，一定要先制定完善的采样方案。如果要在碳酸盐岩地区开挖剖面，要注意选择安全的剖面开挖点，严防事故发生。

在制订利用GeoAgent技术进行的碳酸盐岩地区气候变化科研计划时，研究团队务必反复讨论，尽可能在科研计划制订阶段就减少安全事故发生的可能性。要仔细分析研究区可能存在的各种风险，如地质灾害、蛇袭等，并有针对性地做好安全预案。由于学生经验较少，安全风险更高，所以野外碳酸盐岩样品采集应尽量由教师来完成。学生可以跟随教师外出，以积累野外考察经验，但需要严格控制学生外出的人数和次数，以降低风险。

在碳酸盐岩样品的保存期间，进入碳酸盐岩样品保存间的人员应该注意个人安全防护。在碳酸盐岩的搬运、加工过程中，也需要做好防护。部分碳酸盐岩样本在刚采集到时，表面有泥土存在，要在保证研究者安全的前提下，根据碳酸盐岩样本的具体情况，分别采用适当的方式进行清理。例如在重庆某山采集的部分碳酸盐岩样本，是浸泡在配套岩溶水中的，可能会有致病细菌存在，这些碳酸盐岩样本和岩溶水在使用之后都需要进行妥善处理。

利用GeoAgent技术进行的碳酸盐岩地区气候变化研究中使用的岩石玻片，一般是委托加工企业加工的，但某些紧急情况下也有可能由研究团队自行加工。由于碳酸盐岩岩石玻片加工过程中的玻片磨制、上胶等环节容易出现安全风险，应该严禁学生自行加工碳酸盐岩岩石玻片，由对外委托的企业或教师加工。碳酸盐岩岩石玻片上有胶水，一些学生有时可能会不遵守规定不戴手套拿取玻片，除了要提醒学生按照规定戴手套拿取玻片外，还要提醒学生经常洗手。这样做既是为了防止学生在用手指触摸碳酸盐岩岩石玻片时造成明显的指纹油渍，也是为了防止碳酸盐岩岩石玻片上的胶水残留在学生手指上。

所有基于GeoAgent的碳酸盐岩地区气候变化研究数据都是保存在计算机信息系统中的，只要是计算机信息系统就有安全风险。本研究主要采取数据分布式保存、严格执行计算机信息系统安全管理规定来规避计算机信息系统方面的安全风险。在保存研究数据时，一定要注意研究数据的备份。本研究主要使用硬盘阵列来保存研究数据。基于GeoAgent的碳酸盐岩地区气候变化研究有时要使用云计算，主要在内网服务器或个人计算机上进行。要注意妥善地处理商业软件与开源软件的关系，以免在研究中遇到法律风险。本研究的部分研究成果是通过APP来共享发布的，APP的安全问题也需重视。

三、关键技术

(一)碳酸盐岩岩石图像的有穷自动机二值化处理

在图像处理研究中,将RGB彩色图像转为黑白二值图像是很常见的研究方法,在岩溶研究中也有广泛的应用。利用GeoAgent技术进行的碳酸盐岩地区气候变化研究,主要通过处理与分析碳酸盐岩岩石图像得到碳酸盐岩岩石孔隙度或岩溶发育速度。研究主要借助有穷自动机的阈值二值化算法来进行碳酸盐岩岩石图像的二值化处理,从而获得碳酸盐岩的岩石孔隙度,进而获得碳酸盐岩的岩溶发育速度,并基于此构建碳酸盐岩地区气候变化曲线。

正常情况下,利用偏光显微镜观察碳酸盐岩岩石玻片获得的原始图像是RGB彩色图像,而GeoAgent数学模型是不能直接将RGB彩色图像输出为碳酸盐岩岩石孔隙度或岩溶发育速度的,即GeoAgent数学模型无法判定彩色像素点是不是孔隙,必须将碳酸盐岩岩石图像转换成黑白二值图像后才能判定,进而得到碳酸盐岩的岩石孔隙度。要将碳酸盐岩的岩石图像由RGB彩色图像转为黑白二值图像,需要选择合适的算法,即先将RGB彩色图像转换为灰度图像,再由灰度图像转为黑白二值图像,最后根据研究需要来决定是否使用图像腐蚀。这是因为碳酸盐岩岩石图像在进行岩性分析时,有时需要进行除红、除绿或除蓝等滤镜操作,所以不适合直接以RGB值、R值、B值或G值进行岩石图像的阈值分域,图像像素点的灰度值或特征值更适合。

提到灰度值,研究人员都会想到标准灰度公式,实际上在利用GeoAgent技术进行的碳酸盐岩地区气候变化研究中,一般都使用的是自定义灰度公式。这个自定义灰度公式直接决定了基于GeoAgent的碳酸盐岩地区气候变化研究的成败,所以,需要特别注意碳酸盐岩岩石图像像素点的自定义灰度值的获取。这个自定义灰度公式需要与碳酸盐岩岩石图像可能经历的除红、除绿或除蓝等滤镜操作兼容,即将碳酸盐岩岩石图像由RGB彩色图像转为灰度图像后,还能继续进行岩性分析。这个灰度值公式是研究团队的核心技术之一,一些研究失败的原因就是灰度值公式定义有问题,直接影响了碳酸盐岩岩石图像由RGB彩色图像转为黑白二值图像的过程。这个公式具有一定的商业价值,在和其他碳酸盐岩研究人员交流时要注意保障本研究团队的利益。在利用GeoAgent技术进行的碳酸盐岩地区气候变化研究中,一定要先处理好碳酸盐岩岩石图像像素点的灰度值,虽然使用不同灰度公式进行处理后的图像效果看起来差不多,但实际上是有很大区别的。在本研究中,这一转换过程是通过GeoAgent的有穷自动机来实现的,即以有穷自动机中的像素点阈值分域来实现。这个转换过程应该是其他碳酸盐岩研究人员可以重复验证的,相关不涉密的碳酸盐岩岩石图像和代码最好进行开源处理。

研究中的碳酸盐岩岩石图像二值化处理,特别是有穷自动机中的阈值二值化处理,直接关系到利用GeoAgent技术进行的碳酸盐岩地区气候变化研究结果的准确性,对碳酸盐岩地区气候变化曲线有明显影响,需要仔细处理。碳酸盐岩岩石图像的二值化可以通过很多途径实现,比如通过图像像素点的RGB值、R值、B值、G值或灰度值进行阈值分域,都可以得到碳酸盐岩黑白二值图像。本研究通过有穷自动机中的映射形成碳酸盐岩岩石图像像素点特征值,以图像像素点特征值进行阈值分域,或以自定义灰度值进行阈值分域,从而得到二值化后的碳酸盐岩岩石图像。利用有穷自动机进行的碳酸盐岩岩石图像二值化处理针对的是图像所有像素点,不能因为编程实现时的硬件条件限制而牺牲一部分像素点。利用GeoAgent算法模型找到一个值作为二值化的分界点,这一操作很好理解,但选择一个对碳酸盐岩岩石图像像素点具有良好筛选效果的算法并将其作为有穷自动机的映射,不是一件容易的事情。在算法的筛选过程中,既要考虑和TCRM研究结果目标逼近,以及在算法实现阶段的难度,也要考虑与气候变化曲线数学拟合算法的兼容,还要考虑对开源算法和开放源代码的利用,这个过程实际上会耗费研究团队人员的大量精力。当完成碳酸盐岩岩石图像像素点的二值化后,碳酸盐岩岩石图像由灰度图像变成黑白二值图像,只要统计黑白两色像素点占全部像素点的比例就可以完成碳酸盐岩岩石孔隙度的输出了。

(二)碳酸盐岩岩石图像的有穷自动机算法迭代

有穷自动机算法初步确定后,往往很难直接达到预期结果,需要进行多次算法迭代。这个有穷自动机的算法迭代过程,在GeoAgent技术中也有很明显的体现。GeoAgent的算法迭代和人工智能在博弈类游戏(比如棋类游戏)中的算法迭代有明显不同,GeoAgent技术使用的有穷自动机算法模型往往需要明确的目标逼近值,以目标逼近的方式经过多次算法迭代才能输出预期的结果,将GeoAgent技术用于碳酸盐岩地区气候变化研究也不例外。在利用GeoAgent技术进行的碳酸盐岩地区气候变化研究中,研究人员借助碳酸盐岩岩石图像的二值化处理来获得碳酸盐岩岩石孔隙度,从而完成碳酸盐岩地区气候变化研究,所以,利用在研究开始阶段建立的GeoAgent算法模型得到的碳酸盐岩岩石孔隙度往往和TCRM研究结果有很大区别,不适合用于计算碳酸盐岩岩溶发育速度或构建碳酸盐岩地区气候变化曲线。在碳酸盐岩地区气候变化研究中,往往需要经过多次有穷自动机算法迭代才能得到合适的GeoAgent算法模型。

利用GeoAgent算法模型得到的碳酸盐岩岩石孔隙度和使用传统碳酸盐岩研究方法得到的碳酸盐岩岩石孔隙度反映的是相同碳酸盐岩采样点的碳酸盐岩岩石孔隙度,两者的数值不应该有较大差异,如果差异较大,说明GeoAgent的算法模型还有很大改进空间。只有当通过两种研究方法得到的碳酸盐岩岩石孔隙度比较接近时,才能说明GeoAgent的有穷自动机是比较可靠的。因此,在GeoAgent算法模型的迭代过程中,应该以TCRM研究结果为迭代对比的对象,以目标逼近的方式,确保GeoAgent算法模型迭代过程不出现严重错误。如果通过两种方法得到的碳酸盐岩岩石孔隙度有很大差异,要按照由粗到细的原则,改进GeoAgent基础算法模型,确保基础算法模型的准确性。

由于碳酸盐岩地区一般有很多用自然语言描述的研究数据,比较适合使用利用自然语言形式化的自动机,因此,本研究主要将有穷自动机作为碳酸盐岩地区气候变化研究中的GeoAgent算法基础模型。有穷自动机算法易于理解,比较容易被地理信息系统专业背景的程序员掌握。在确定有穷自动机作为GeoAgent基础算法模型后,可以尝试将碳酸盐岩岩石图像的像素点点阵数据输入有穷自动机,经过GeoAgent算法模型中的有穷映射,得到每个像素点的自定义灰度值或特征值。在得到每个像素点的自定义灰度值或特征值后,可以利用多元统计分析模型先确定一个大致的自定义灰度值或特征值的分界值,利用这个分界值得到碳酸盐岩岩石孔隙度值。利用这种方法得到的碳酸盐岩岩石孔隙度值可能和使用传统碳酸盐岩研究方法得到的碳酸盐岩岩石孔隙度值有很大差异，这在研究初期是很常见的情况。

科学不能用未知去证明未知，GeoAgent算法模型建立的前提是将TCRM研究结果作为迭代对比值，即默认TCRM研究结果是准确的，以TCRM研究结果去验证利用GeoAgent技术得到的研究结果。以使用传统碳酸盐岩研究方法得到的碳酸盐岩岩石孔隙度为对照，可以慢慢调整GeoAgent算法模型中的分界值，但这个分界值必须来源于通过碳酸盐岩岩石图像像素点点阵数据计算得到的结果或通过多元统计分析模型得到的运行结果。这个过程就是有穷自动机算法迭代的过程，表现为利用GeoAgent技术得到的碳酸盐岩岩石孔隙度值慢慢地向使用传统碳酸盐岩研究方法得到的碳酸盐岩岩石孔隙度值逼近。这个逼近的过程不能太快，即碳酸盐岩岩石图像像素点的自定义灰度值或特征值的分界值调整不能太大，要以微调的方式实现碳酸盐岩岩石孔隙度的目标逼近（避免产生跳跃式的分界值）。在编码这一目标逼近过程中，要注意控制循环递进的步长，步长设置不要太大。如果以使用传统碳酸盐岩研究方法得到的碳酸盐岩岩石孔隙度为目标逼近值，有穷自动机迭代的原则是迭代后的利用GeoAgent技术得到的碳酸盐岩岩石孔隙度值一定比迭代前更逼近目标值，不能出现离散情况。在有穷自动机算法迭代过程中，要注意与碳酸盐岩单轴抗压强度、岩溶微生物等研究结果的对比分析，不要出现研究结果互相矛盾的情况。

（三）利用碳酸盐岩岩石图像获得碳酸盐岩岩溶发育速度

在碳酸盐岩地区气候变化研究中，碳酸盐岩的岩溶发育速度有着非常重要的作用。每个碳酸盐岩样本都有自己的碳酸盐岩岩溶发育速度，是很好的碳酸盐岩地区气候变化研究依据，对碳酸盐岩地区气候变化曲线的构建具有非常重要的作用。碳酸盐岩岩溶发育速度可以通过基于传统碳酸盐岩研究方法的碳酸盐岩室内模拟实验来获得，也可以通过基于GeoAgent技术的碳酸盐岩研究来获得。

在同一个碳酸盐岩样品采集点，由于碳酸盐岩岩溶发育速度计算的需要，应获取不少于两个的不同采样时间的碳酸盐岩样本，否则难以计算。如果在同一个碳酸盐岩采样点获取了多个碳酸盐岩样本,可以将该采样点所有碳酸盐岩样本的平均岩溶发育速度作为该采样点的岩溶发育速度。在同一碳酸盐岩地层,可能有多个碳酸盐岩采样点,取这些碳酸盐岩采样点的岩溶发育速度平均值作为该碳酸盐岩地层的岩溶发育速度。

将碳酸盐岩地层作为横坐标,该碳酸盐岩地层的岩溶发育速度作为纵坐标,就可以得到碳酸盐岩地区的气候变化节点,将这些气候变化节点连接起来就可以得到利用碳酸盐岩岩溶发育速度构建的碳酸盐岩地区气候变化曲线。构建碳酸盐岩地区气候变化曲线所使用的碳酸盐岩岩溶发育速度,可以来源于基于传统碳酸盐岩研究方法的碳酸盐岩室内模拟研究,也可以来源于基于GeoAgent技术的碳酸盐岩研究。使用传统碳酸盐岩研究方法以碳酸盐岩室内模拟研究的方式获得的碳酸盐岩岩溶发育速度,其研究周期比较长,研究经费要求比较高,需要有专门的碳酸盐岩室内模拟研究实验室,研究过程比较繁琐,还需要注意严格防范安全事故的发生。由于利用GeoAgent技术获得的碳酸盐岩岩溶发育速度在研究周期、研究经费、人力资源、实验室条件等方面都有明显优势,因此,利用碳酸盐岩岩溶发育速度构建碳酸盐岩地区气候变化曲线的过程,是非常适合应用GeoAgent技术的。

碳酸盐岩的岩溶发育速度是碳酸盐岩地区岩溶作用的反映,是很好的碳酸盐岩地区气候变化曲线的构建依据。如何利用GeoAgent借助碳酸盐岩偏光显微图像获得碳酸盐岩岩溶发育速度,往往是其他碳酸盐岩研究者关心的问题。所以在结果呈现时,要注意介绍碳酸盐岩岩溶发育速度的获取原理,特别是碳酸盐岩岩石孔隙度和岩溶发育速度之间的换算关系。需要说明的是,碳酸盐岩的岩石孔隙度和岩溶发育速度之间的换算关系不仅适用于GeoAgent技术的应用,也适用于基于传统碳酸盐岩研究方法的碳酸盐岩室内模拟实验。利用GeoAgent技术获取碳酸盐岩岩溶发育速度是碳酸盐岩研究领域比较新的研究方法,需要其他碳酸盐岩研究人员的共同推动才能发展壮大,所以要从原理上做好解释,增强其他碳酸盐岩研究人员对这一研究方法的接受程度。碳酸盐岩的岩溶发育速度研究是在借助碳酸盐岩偏光显微图像的碳酸盐岩岩石孔隙度研究的基础上进行的,所以,为了保证研究结果的准确性,要注意借助碳酸盐岩偏光显微图像获得的碳酸盐岩岩石孔隙度的准确性。

对本研究而言,不管是采用GeoAgent技术,还是采用传统碳酸盐岩研究方法,没有准确的碳酸盐岩岩石孔隙度,就没有准确的碳酸盐岩岩溶发育速度。当某个碳酸盐岩地区的岩溶发育速度有变化时,是有其他研究手段可以验证的,比如碳酸盐岩的单轴抗压强度研究,就是很好的验证手段。对于同一个碳酸盐岩样品采集点而言,不应该出现采集的碳酸盐岩样品的岩溶发育速度很大,且碳酸盐岩样品单轴抗压强度也很大的情况,如果出现这种情况,一般都是利用GeoAgent技术进行的碳酸盐岩研究出了问题。同时,碳酸盐岩地区的岩溶微生物研究也是适用的验证手段,要注意将利用GeoAgent技术得到的碳酸盐岩岩溶发育速度与基于以16SrDNA技术为代表的岩溶微生物研究技术的研究结果进行对比。碳酸盐岩岩溶发育速度是在借助碳酸盐岩偏光显微图像的碳酸盐岩岩石孔隙度研究的基础上得到的,所以,在GeoAgent的有穷自动机迭代过程中,必须重视公开发表的相同碳酸盐岩地区的碳酸盐岩单轴抗压强度和岩溶微生物等研究成果,要避免与这些研究结果相矛盾。以碳酸盐岩岩溶发育速度构建的碳酸盐岩地区气候变化曲线,要注意与该碳酸盐岩地区已发表的气候变化研究结果进行对比,特别是一些重要的碳酸盐岩地区气候变化时间节点的对比。

(四)基于GeoAgent的碳酸盐岩地区碳酸盐岩研究的标准

在科学研究领域中,标准研究是非常重要的,地学研究领域也不例外。碳酸盐岩研究需要一定的标准,比如如何精确地测量碳酸盐岩的岩溶发育速度?两个来自不同碳酸盐岩采样点的碳酸盐岩样本的岩溶发育速度谁快谁慢?碳酸盐岩岩溶发育速度可以通过基于传统碳酸盐岩研究方法的碳酸盐岩室内模拟研究来获得,也可以通过基于GeoAgent技术的碳酸盐岩研究来获得,如果没有碳酸盐岩岩溶发育速度衡量标准,这两种方法得到的碳酸盐岩岩溶发育速度就不能直接比较和相互验证。

为了便于比较,需要统一衡量碳酸盐岩岩溶发育速度的单位。利用GeoAgent技术进行的碳酸盐岩地区碳酸盐岩研究,其岩溶发育速度由GeoAgent算法模型输出,是非常重要的研究指标。最后输出的碳酸盐岩岩溶发育速度的单位,涉及GeoAgent的算法模型设置,实际上是对GeoAgent技术应用于碳酸盐岩地区碳酸盐岩研究中的人工智能标准的设置。只要基于GeoAgent的碳酸盐岩地区碳酸盐岩研究结果是准确的，具体使用什么算法模型是可以选择的。但目前GeoAgent的算法迭代主要由研究人员来实现，不同团队的研究人员擅长的算法领域是不同的，如果算法直接使用其他标准，一些研究人员不一定能按照标准对GeoAgent的算法模型进行推导和实现，这会影响GeoAgent技术在碳酸盐岩研究中的应用。

利用GeoAgent技术进行的碳酸盐岩地区碳酸盐岩研究的岩溶发育速度单位现有两个，即毫米每千年(mm/ka)和毫克每千年(mg/ka)，它们对应的算法模型的标准是不同的。这主要是因为碳酸盐岩样本都加工成了外形一致的碳酸盐岩试样(碳酸盐岩试样的底面半径和高度一致)，相同时间段内(如每千年)被溶蚀掉的碳酸盐岩试样高度或质量都可以作为碳酸盐岩的岩溶发育速度。这两个碳酸盐岩岩溶发育速度单位，可以按照一定公式进行换算，但与毫克每千年相比，将毫米每千年作为碳酸盐岩岩溶发育速度的标准要更简单些，也更能直观地反映碳酸盐岩试样岩溶作用的情况。如果将毫克每千年作为碳酸盐岩岩溶发育速度的标准，还需要考虑不同碳酸盐岩试样密度造成的影响，对GeoAgent算法的要求更高，也没有那么直观形象。所以，大多数基于传统碳酸盐岩研究方法的碳酸盐岩室内模拟研究都将毫米每千年作为碳酸盐岩岩溶发育速度的单位。

由于利用GeoAgent技术得到的碳酸盐岩岩溶发育速度需要与用传统碳酸盐岩研究方法得到的碳酸盐岩岩溶发育速度进行对比分析，本研究也将毫米每千年作为碳酸盐岩岩溶发育速度的单位。本研究团队的成员主要为地理信息系统专业，多数人在刚加入研究团队时对碳酸盐岩和岩溶作用并不熟悉，毫米每千年作为碳酸盐岩岩溶发育速度的标准更加直观形象，更容易被研究人员理解，更符合本研究团队的实际情况。此外，选用毫米每千年作为GeoAgent输出的碳酸盐岩岩溶发育速度单位，还因为它对本研究使用的有穷自动机比较友好，而本研究团队成员对有穷自动机的掌握情况也比较好。如果选择将毫克每千年作为GeoAgent输出的碳酸盐岩岩溶发育速度单位，意味着GeoAgent算法模型不一定适合使用有穷自动机，这会提高对研究团队算法实现能力的要求。毫米每千年和毫克每千年都是针对碳酸盐岩试样而定义的，但它们背后的算法是不同的。毫米是长度单位，毫克是质量单位，在GeoAgent算法模型输出结果前，两种不同单位背后的计算过程是有一定差异的。

GeoAgent技术应用于碳酸盐岩地区碳酸盐岩研究属于起步阶段，因此标准的建立是非常重要的，这关系到GeoAgent在碳酸盐岩地区碳酸盐岩研究领域的普及，值得研究者重视。目前，基于GeoAgent的碳酸盐岩地区碳酸盐岩研究没有国家统一标准，所以，不同研究单位的不同研究团队会建立起不同的标准，可能要在一段时间后，经过大量研究结果的比较和优化，才能最终形成GeoAgent技术应用于碳酸盐岩地区碳酸盐岩研究中的标准。在行业公认的标准建立前，本研究团队先将毫米每千年作为有穷自动机输出的数据单位标准。

（五）利用GeoAgent获得碳酸盐岩岩石孔隙度

在碳酸盐岩研究中，有很多常见的碳酸盐岩研究指标，碳酸盐岩岩石孔隙度是比较重要的研究指标，它也是很多相关研究的重要研究结果。在CERP中，有很多碳酸盐岩研究结果，碳酸盐岩岩石孔隙度数据也很多，这为GeoAgent在碳酸盐岩研究中的应用奠定了良好的基础。

获得碳酸盐岩岩石孔隙度的研究方法有很多，传统碳酸盐岩研究方法中就有很多令人信服的方法。在传统碳酸盐岩研究方法中，有一种在实验室室内模拟碳酸盐岩岩溶发育过程的研究方法，通过这种方法得到的碳酸盐岩岩石孔隙度一般被认为是准确的，容易被其他碳酸盐岩研究人员所接受。但这种研究方法的缺点是研究周期很长、研究成本较高，需要找到更经济、更有效率的碳酸盐岩岩石孔隙度研究方法，而使用GeoAgent技术获得碳酸盐岩岩石孔隙度是比较理想的一种方法。

利用GeoAgent技术进行碳酸盐岩地区气候变化研究主要借助GeoAgent的算法模型对碳酸盐岩岩石图像进行分析，从而得到碳酸盐岩岩石孔隙度。这种研究方法需要有碳酸盐岩岩石图像，碳酸盐岩岩石图像可以通过偏光显微镜等设备获取。如果CERP中有原本用于碳酸盐岩岩性分析的碳酸盐岩岩石图像，可以直接用于本研究。对于新采集的碳酸盐岩样本，要注意使用GeoAgent技术进行研究的可能性，要注意将碳酸盐岩样品加工成岩石玻片后使用偏光显微镜获取碳酸盐岩岩石图像的操作过程。总体而言，利用GeoAgent技术获得碳酸盐岩岩石孔隙度的研究成本，显著低于传统碳酸盐岩研究方法，研究周期也明显更短。

对于利用GeoAgent技术进行的碳酸盐岩地区气候变化研究而言，借助GeoAgent算法模型通过对碳酸盐岩岩石图像的分析得到的碳酸盐岩岩石孔隙度，是最重要的研究基础。如果不能准确地借助GeoAgent算法模型获得碳酸盐岩岩石孔隙度，利用GeoAgent技术进行的碳酸盐岩地区气候变化研究就很难准确地进行下去。

基于GeoAgent的碳酸盐岩地区气候变化研究中使用的碳酸盐岩岩溶发育速度，也是利用碳酸盐岩岩石孔隙度得到的。传统碳酸盐岩研究方法也是如此，先获得碳酸盐岩岩石孔隙度，再获得碳酸盐岩岩溶发育速度。如果利用碳酸盐岩岩石图像得到碳酸盐岩岩石孔隙度不准确，碳酸盐岩岩溶发育速度也不会准确，就无法用于碳酸盐岩地区气候变化研究，更谈不上构建准确的碳酸盐岩地区气候变化曲线。

本研究主要借助GeoAgent的算法模型通过碳酸盐岩岩石图像获得碳酸盐岩岩石孔隙度，即利用有穷自动机，以碳酸盐岩岩石图像像素点点阵自定义灰度值或特征值的阈值二值化得到碳酸盐岩岩石孔隙度。其中的GeoAgent算法模型，不一定必须是本研究使用的有穷自动机，也可以是研究团队熟悉的其他算法，很多算法可能和有穷自动机一样，在碳酸盐岩研究中有着广泛的应用前景。要注意利用碳酸盐岩岩石图像获得的碳酸盐岩岩石孔隙度的可信度，也要注意与相同采样点的碳酸盐岩样品的TCRM研究结果进行对比，通过两种方法获得的碳酸盐岩岩石孔隙度的值不会完全一样，但也应该没有很大差异。正常情况下，两者之间的差距应该在可以接受的误差范围以内，如果两者之间有很大的差异，要仔细分析差异产生的原因。要使利用GeoAgent技术获得的碳酸盐岩岩石孔隙度的值向使用传统碳酸盐岩研究方法得到的碳酸盐岩岩石孔隙度的值逼近，不能反过来操作，这个原则务必明确。为了便于后续碳酸盐岩岩溶发育速度的计算，所有通过碳酸盐岩岩石图像获得的碳酸盐岩岩石孔隙度都要记录对应的碳酸盐岩岩石玻片编号和碳酸盐岩样本的采集时间。

(六)利用传统碳酸盐岩研究方法进行的碳酸盐岩研究

一个新的研究方法需要有可验证的手段。利用GeoAgent技术进行碳酸盐岩地区气候变化研究是新兴的研究方法,其研究结果是否准确需要找到可信的验证手段。传统的碳酸盐岩研究方法是碳酸盐岩研究人员广泛使用的方法,一般认为其研究结果是可信的,非常适合作为基于GeoAgent的碳酸盐岩地区气候变化研究的对比依据。传统碳酸盐岩研究方法是比较成熟的研究方法,比较常见的是在室内模拟碳酸盐岩的岩溶作用,即以碳酸盐岩室内模拟实验的方式,在实验室内再现碳酸盐岩岩溶作用的岩溶水与地层压力条件等,从而得到碳酸盐岩的岩石孔隙度或岩溶发育速度。

在传统碳酸盐岩研究中,有的碳酸盐岩岩石孔隙度的研究方法比较简单:利用加压水渗透碳酸盐岩试样前后的质量差来计算碳酸盐岩的岩石孔隙度。这种研究方法虽然简单,研究结果却非常准确。目前还难以找到除传统碳酸盐岩研究方法以外的方法作为基于GeoAgent的碳酸盐岩地区气候变化研究的对比依据,所以,本研究的研究结果需要与TCRM研究结果进行比对分析。可以说,利用传统碳酸盐岩研究方法进行的碳酸盐岩研究是利用GeoAgent技术进行的碳酸盐岩地区气候变化研究的基础。没有TCRM研究结果的碳酸盐岩地区是不太适合作为基于GeoAgent的碳酸盐岩地区气候变化研究区域的。因为研究人员无法知道利用GeoAgent技术得到的碳酸盐岩岩石孔隙度和岩溶发育速度是否准确,无法保证GeoAgent算法迭代的准确性,利用GeoAgent技术构建的碳酸盐岩地区气候变化曲线是否准确就更无从谈起。

在CERP中,有很多TCRM研究结果,这些研究结果可以直接用于利用GeoAgent技术进行的碳酸盐岩地区气候变化研究,是很好的研究基础。如果CERP中没有和拟研究的碳酸盐岩地区对应的TCRM研究结果,要注意针对该研究区域,组织对应的TCRM研究。如果要在某一碳酸盐岩地区进行基于GeoAgent的气候变化研究,那么至少要有利用传统碳酸盐岩研究方法得到的碳酸盐岩岩石孔隙度值和岩溶发育速度值。这两个利用传统碳酸盐岩研究方法得到的研究指标值是利用GeoAgent技术进行碳酸盐岩地区气候变化研究的基础,没有这两个值就没办法进行GeoAgent算法模型的迭代。在目前阶段，GeoAgent技术在算法方面还很难实现自我迭代，需要输入外部数据才能进行算法迭代。

利用传统碳酸盐岩研究方法得到碳酸盐岩岩石孔隙度的方式有很多，具体使用哪种方式不重要，重要的是利用传统碳酸盐岩研究方法得到的碳酸盐岩岩石孔隙度必须是准确的、可信的。利用传统碳酸盐岩研究方法得到碳酸盐岩岩溶发育速度的方式也有很多，但研究者必须注意碳酸盐岩岩溶发育速度的标准，要以可信、可靠的方式得到准确的碳酸盐岩岩溶发育速度。在利用传统碳酸盐岩研究方法得到的碳酸盐岩岩石孔隙度值和岩溶发育速度值中，碳酸盐岩岩石孔隙度值更重要，它是利用GeoAgent技术进行碳酸盐岩地区气候变化研究不能缺少的指标。如果没有利用传统碳酸盐岩研究方法得到的碳酸盐岩岩溶发育速度，可以仅使用碳酸盐岩岩石孔隙度这一指标，这并不影响利用GeoAgent技术构建碳酸盐岩地区气候变化曲线，但碳酸盐岩岩石孔隙度和岩溶发育速度至少要有一个才能开展研究。

在利用传统碳酸盐岩研究方法进行的碳酸盐岩地区岩溶研究中，有时会有碳酸盐岩单轴抗压强度、岩溶微生物等研究成果，这些研究成果对利用GeoAgent技术进行的碳酸盐岩地区气候变化研究也很重要。虽然这些研究成果不能直接用于构建碳酸盐岩地区气候变化曲线，但却是很好的气候变化曲线的验证依据。

利用传统碳酸盐岩研究方法得到的碳酸盐岩岩石孔隙度或岩溶发育速度，可以直接用于构建碳酸盐岩地区气候变化曲线，服务于碳酸盐岩地区气候变化研究。利用以传统碳酸盐岩研究方法得到的碳酸盐岩岩石孔隙度或岩溶发育速度分别构建的两条碳酸盐岩地区气候变化曲线，也是可以进行相互验证的。

（七）利用公开发表的数据构建碳酸盐岩地区气候变化曲线

一般而言，某一领域的科学研究成果大多以期刊论文或学术专著的方式公开发表，地学研究也不例外，作为地学研究重要组成部分的碳酸盐岩研究也有大量公开发表的研究成果。利用GeoAgent技术得到的碳酸盐岩地区气候变化曲线是否准确，需要与可信的相同碳酸盐岩地区的气候变化曲线进行对比，特别是碳酸盐岩地区气候变化曲线的变化趋势和重要节点值的对比。

要建立可信的碳酸盐岩地区气候变化曲线,需要做很多工作,也可以通过很多途径来实现,利用已经发表的碳酸盐岩研究成果是比较好的实现方法。一般情况下,我们认为已经公开发表的碳酸盐岩地区气候变化研究成果是可信的,特别是期刊论文。如果某一碳酸盐岩地区已经有权威研究机构进行了诸如基于碳酸盐岩石笋、岩溶沉积物的气候变化研究,其研究结果是可以直接利用的,但有的碳酸盐岩地区没有进行类似的研究,可信的碳酸盐岩地区气候变化曲线则必须通过其他方法获得。某一碳酸盐岩地区的气候变化和其邻近地区的气候变化应该是接近的。所以,在筛选公开发表的碳酸盐岩地区气候变化研究成果时,也可以搜寻一些和该地区毗邻的地区的气候变化研究成果。

在筛选公开发表的碳酸盐岩地区气候变化研究论文时,要注意论文来源的学科多样性,有时和地理学科联系不大的文科类学科(比如历史学、文献学等学科)的论文也包含碳酸盐岩地区气候变化研究数据,这些跨学科的论文实际上也是碳酸盐岩地区气候变化研究的重要组成部分,值得研究人员重视。

在选用公开发表的碳酸盐岩地区气候变化研究论文数据时,要注意选用有新进展的气候变化研究论文。同一碳酸盐岩地区、同一时间节点发表的气候变化研究论文数据有差异时,要注意分析两者的差异程度。差异不大时可以采取简单算术平均或加权平均的方式取值(加权方式要仔细推敲)。如果两者差异很大,说明至少有一篇论文的数据是不准确的,需要研究人员仔细判断,取用可信度高的研究成果。如果难以判断出其准确性,建议两篇论文的数据都不选用。

对于同一碳酸盐岩地区,如果公开发表的基于石笋进行的气候变化研究成果和通过其他研究依据得到的气候变化研究成果有冲突,建议采信前者,即在公开发表的碳酸盐岩地区气候变化研究论文中,要重点搜集以石笋为研究依据的气候变化研究论文,其重要性要高于其他研究依据的论文。

如果涉及当前研究区的气候变化研究论文太少,导致构建的碳酸盐岩地区气候变化曲线上的气候变化节点太少,可以适当地使用数学方法对气候变化曲线进行拟合。公开发表的气候变化研究论文的研究领域可能有很大区别,有可能采用的是地磁分析或文献列举等不同的气候变化研究手段。在将这些公开发表的同一碳酸盐岩地区的气候变化曲线放入坐标系中时，要注意气候变化节点纵坐标值的换算，要选用合适的算法将这些不同研究领域的气候变化研究成果换算成对应的气候变化值，这个气候变化值不能和其他气候变化研究论文中换算出的气候变化值矛盾，这样构建的气候变化曲线才有说服力。

还要注意从公开发表的论文中寻找具有说服力的时间轴（对应气候变化曲线上气候变化节点的横坐标）依据。值得注意的是，公开发表的碳酸盐岩地区气候变化研究数据，不一定全来源于理工类出版物，文史类出版物中也有涉及碳酸盐岩地区气候变化研究的，也是重要的碳酸盐岩地区气候变化研究依据，要重点关注史籍类出版物。史籍类出版物中有关气候变化的时间节点一般都有明确的记载，或比较容易推算出时间，是重要的气候变化节点依据，这些时间节点一般距离当代比较近，对未来气候变化研究有很重要的意义。

在碳酸盐岩地区气候变化研究中，可能会遇到一些目前没有公开出版的文献，如宗谱等。只要这些文献的来源是可靠的，有足够的证据证明这些文献数据是真实的，那么这些文献中的碳酸盐岩地区气候变化记载，也是可以用于碳酸盐岩地区气候变化研究的。将这些不同研究领域的气候变化研究成果换算成对应的气候变化值后，结合公开发表论文中的气候变化时间节点来确定气候变化值对应的横坐标，就可以在坐标系中绘出气候变化节点，将这些气候变化节点用平滑的曲线连接起来，就可以得到利用公开发表的气候变化研究论文构建的碳酸盐岩地区气候变化曲线了。

如果某一特定地区利用石笋、岩溶沉积物进行的碳酸盐岩地区气候变化研究成果比较多，那么基于这些公开发表的研究数据构建的碳酸盐岩地区气候变化曲线的准确性是比较高的，值得研究人员特别注意。

（八）碳酸盐岩地区气候变化曲线的拟合

使用数学方法对节点比较稀疏的曲线进行拟合，在不改变曲线原有趋势的前提下增加曲线节点的密度，是很常见的曲线节点处理手段。这种方法也可以应用在碳酸盐岩地区气候变化曲线的节点处理上，从而实现对碳酸盐岩地区气候变化曲线的拟合。如果将气候变化曲线作为碳酸盐岩地区气候变化研究的成果，气候变化曲线上的气候变化节点就不能太稀疏。不管是以石笋还是以岩溶沉积物为研究依据的碳酸盐岩地区气候变化研究，所获得的气候变化曲线中气候变化节点的数量都让人满意，这值得基于GeoAgent的碳酸盐岩地区气候变化研究借鉴。

借助GeoAgent通过碳酸盐岩岩石偏光显微图像进行的碳酸盐岩地区气候变化研究，往往也是以碳酸盐岩地区气候变化曲线的方式呈现气候变化研究结果。基于GeoAgent的碳酸盐岩地区气候变化研究构建的气候变化曲线，主要将碳酸盐岩地层作为碳酸盐岩地区气候变化节点的横坐标，而碳酸盐岩地区的碳酸盐岩地层数量一般是有限的，因此，其气候变化节点数量不如通过传统碳酸盐岩研究方法获得的节点数量多。这种节点比较稀疏的碳酸盐岩地区气候变化曲线，在通过对横轴某点作垂线获取气候变化值（纵坐标）时精确性不够高，因此需要进一步增加气候变化曲线的节点数量。

那么，怎样才能使这种碳酸盐岩地区气候变化曲线上的节点更密集呢？实际上，有很多数学方法可以实现气候变化曲线的拟合，这在计算机图形学领域有比较成功的经验和成果，为本研究的碳酸盐岩地区气候变化曲线拟合提供了良好的参考。

使用数学方法进行碳酸盐岩地区气候变化曲线的拟合，需要考虑代码编程人员对数学拟合算法的理解情况。在负责编程构建碳酸盐岩地区气候变化曲线的程序员看来，气候变化曲线本身是利用循环创建的，在两个循环点之间再插入循环来实现气候变化曲线的拟合与节点加密，这不是一件太困难的事情，困难的是在拟合与节点加密过程中，不能改变碳酸盐岩地区气候变化曲线的原有变化趋势。这种利用循环实现曲线拟合与节点加密的方法，在碳酸盐岩地区气候变化曲线的横轴上很好处理，只需将气候变化曲线上原有的两个相邻气候变化节点之间的横轴区间等分后，以新增循环的方式取值即可。利用循环增加的新的气候变化节点的纵坐标值是按照一定算法赋值的，一旦处理不好就会明显改变气候变化曲线的趋势，所以，在利用循环对新增气候变化节点的纵坐标赋值时，要在循环中加入纵坐标值的检验代码，以防改变了碳酸盐岩地区气候变化曲线的原本趋势。

一般情况下，能够利用GeoAgent技术进行碳酸盐岩地区气候变化研究的研究人员，有能力理解数学拟合方法在气候变化曲线中的应用，对上述碳酸盐岩地区气候变化曲线的拟合与节点加密过程应该是比较了解的。所以，在和其他碳酸盐岩研究人员进行学术交流时，可以适当把控对碳酸盐岩地区气候变化曲线拟合过程的介绍篇幅。

使用数学方法对碳酸盐岩地区气候变化曲线进行拟合的一个重要前提是，不能改变碳酸盐岩地区气候变化曲线的变化趋势。在曲线的数学拟合实践中，不改变曲线原有趋势的拟合算法有很多，要注意选择合适的曲线数学拟合算法，算法的筛选还必须兼顾研究团队成员的算法实现和算法推导能力。由于碳酸盐岩地区气候变化曲线的拟合是借助编程代码来实现的，即使在编程实现阶段有错误也不会造成严重的经济损失与时间损失，且这个研究过程一般不会发生安全事故，所以特别适合高年级本科生参与。即使研究团队的成员都能掌握最终选择的气候变化曲线拟合算法，在拟合算法的实现阶段，研究团队负责人仍要注意检查拟合过程。这个阶段很容易出错，需要重点检查，即要加强对碳酸盐岩地区气候变化曲线拟合代码的审核。从研究团队管理的角度来说，如果研究团队中的学术型硕士研究生比较多，可以同时安排一名硕士研究生和几名高年级本科生一起进行曲线拟合。如果他们的研究结果存在错误，那么拟合后的曲线应该有明显差异，能较直观地判断出；如果多名学生的曲线拟合结果是一致的，也要注意检查，以防止他们产生了同样的错误，导致气候变化曲线的数学拟合结果虽然一致，但实际研究结果是有误的。本研究团队主要通过拟合过程的算法反推来检查和验证碳酸盐岩地区气候变化曲线拟合结果的准确性。

（九）碳酸盐岩地区气候变化研究的GeoAgent算法模型的确定

人工智能研究领域非常重视算法模型，没有正确的算法模型，就很难达到研究目的。地学研究领域也不例外，没有正确的算法模型，基于GeoAgent的碳酸盐岩地区气候变化研究很难达到研究目的。不同于利用石笋或岩溶沉积物进行的碳酸盐岩地区气候变化研究，利用碳酸盐岩地区碳酸盐岩岩石偏光显微图像进行的碳酸盐岩地区气候变化研究，需要建立起合适的碳酸盐岩GeoAgent算法模型，才能得到准确的碳酸盐岩岩石孔隙度或岩溶发育速度，进而构建准确的碳酸盐岩地区气候变化曲线。

和传统碳酸盐岩研究方法相比，在以GeoAgent技术进行的碳酸盐岩地区气候变化研究中，算法模型的数学推导与分析起着很重要的作用。没有正确的算法模型的推导与分析，就没有准确的碳酸盐岩岩石孔隙度或岩溶发育速度的初始值，GeoAgent的算法迭代也就无从谈起。所以，正确地进行算法模型的数学推导与分析是本研究成功的关键。

如何确定碳酸盐岩地区气候变化研究的GeoAgent算法模型，是利用碳酸盐岩地区碳酸盐岩岩石偏光显微图像进行气候变化研究首先要解决的问题。GeoAgent算法模型的确定需要满足自然语言形式化的前提，不然会增加地理信息系统专业的研究人员的理解难度，进而影响研究进程和结果。在使用传统碳酸盐岩研究方法进行碳酸盐岩地区岩溶研究时，一般采取的是自然语言，其语言的规范性不一定符合GeoAgent的要求，所以，在将TCRM研究结果引入基于GeoAgent的碳酸盐岩地区气候变化研究之前，一般要先进行TCRM研究结果的自然语言形式化。这个自然语言形式化的过程对使用GeoAgent技术进行的碳酸盐岩地区气候变化研究的成败有很重要的影响，不仅直接影响研究团队成员对TCRM研究结果的理解，还对GeoAgent算法模型的确定有很重要的意义。

潜在的适合碳酸盐岩地区气候变化研究的GeoAgent算法其实有很多，要根据研究团队的实际情况来筛选和确定。我们进行了自然语言形式化研究，显示适合本研究团队的GeoAgent算法模型是自动机，而自动机中，最适合本研究团队的是有穷自动机。这是因为有穷自动机对本研究团队中的高年级本科生和学术型硕士研究生比较友好，负责编程的程序员也比较容易掌握，编程实现时所要求的硬件资源也比较符合本研究团队的资源现状，不需要另外新增设备。需要说明的是，适用于基于GeoAgent的碳酸盐岩地区气候变化研究的基础算法，除了有穷自动机外还有其他算法，各研究团队可以根据自身情况综合考虑选择。

在GeoAgent算法模型中使用有穷自动机进行碳酸盐岩地区气候变化研究时，要注意控制有穷自动机算法映射的数量，尽可能控制有穷自动机算法的复杂程度。这不仅仅关系到研究团队成员对算法的理解掌握情况，也关系到研究团队所拥有的硬件资源是否能够满足相应的有穷自动机算力要求。有穷自动机使用的算法映射，最好有代码托管网站上的开放源代码作为支持。建议优先使用MATLAB或SCILAB来完成有穷自动机的算法实现，当MATLAB或SCILAB难以完成时，再考虑通过编程来完成算法实现。通过编程来完成算法实现时，要慎重选择编程工具，一旦确定编程工具后尽量不要变更。在选择编程工具时，要考虑它有无有穷自动机算法对应的开放源代码，尽量选择开放源代码较多的编程工具，以降低算法实现难度。

本研究团队主要将C#作为算法编程实现的工具，因为本研究团队的成员基本会使用C#，且C#的开放源代码的搜集渠道比较多(除了在代码托管网站上搜集，还可以在很多SCI论文附带的可下载数据中找到，要重视这些已发表论文附带的代码，优先下载具有数字对象唯一标识符号的SCI论文数据）。其他研究团队可以根据自己的实际情况来确定编程工具，但要重视编程工具的合法授权。在使用开放源代码时，要注意开放源代码应该和当前算法模型相关，并仔细分析该开放源代码的算力要求是否超出研究团队现有硬件设备的算力。有的人工智能硬件设备是有配套代码要求的，要注意分析这些设备要求的代码是否满足GeoAgent算法模型的要求，再决定是否用于利用GeoAgent技术进行的碳酸盐岩地区气候变化研究。

(十)图像处理技术在碳酸盐岩地区气候变化研究中的应用

图像处理技术是信息科学领域重要的研究技术，在地学领域很多研究方向都有应用，并取得了良好的研究效果。碳酸盐岩研究是地学研究领域的重要组成部分，图像处理技术在碳酸盐岩研究中有良好的应用前景，值得碳酸盐岩研究人员重视。图像处理技术也是信息科学研究领域和人工智能技术深度融合的研究技术，在GeoAgent研究领域也有很好的应用前景。

利用GeoAgent技术进行的碳酸盐岩地区气候变化研究，主要通过在碳酸盐岩地区采集的碳酸盐岩岩石样品制作而成的碳酸盐岩岩石玻片，借助偏光显微镜获得的岩石图像来进行。在这一研究过程中，图像处理技术起着非常重要的作用，影响着GeoAgent技术在碳酸盐岩地区气候变化研究中的应用。

图像处理技术在碳酸盐岩研究中的应用有很长的历史，在利用石笋或岩溶沉积物进行的碳酸盐岩地区气候变化研究中，也会使用到图像处理技术，如利用石笋灰度曲线进行碳酸盐岩地区气候变化研究等。碳酸盐岩的岩性分析也曾经广泛地使用图像处理技术，很多图像处理软件起到了很好的辅助作用。但和基于GeoAgent的碳酸盐岩地区气候变化研究相比，这些研究对图像处理技术的应用往往不够深入，大多停留在图像处理软件的使用层面，缺少系统地运用图像处理技术获取碳酸盐岩岩石指标的研究。

本研究试图从碳酸盐岩岩石图像的处理入手，借助偏光显微镜获得岩石图像，系统地运用图像处理技术，获得碳酸盐岩的岩石孔隙度或岩溶发育速度，进而得到碳酸盐岩地区的气候变化研究结果。利用GeoAgent技术对碳酸盐岩岩石图像进行系统的图像处理，是本研究的特色之一。在本研究中，没有利用GeoAgent技术以图像处理的方式得到的碳酸盐岩黑白二值图像，就无法得到碳酸盐岩的岩石孔隙度或岩溶发育速度，也就无法构建碳酸盐岩地区气候变化曲线。对本研究而言，图像处理技术是决定基于GeoAgent的碳酸盐岩地区气候变化研究能否成功的关键性技术，所以碳酸盐岩岩石图像的图像处理研究是非常重要的气候变化研究手段。

要注意碳酸盐岩地区岩石图像的图像处理研究和信息科学领域图像处理研究的区别。信息科学领域使用的一些图像处理技术一般是无法在碳酸盐岩地区气候变化研究中直接使用的。碳酸盐岩地区岩石图像的处理研究，一般有已知的准确结果，即以TCRM研究结果为参照物，这和信息科学领域的图像处理研究有很大的不同。由于有已知的准确结果，碳酸盐岩地区岩石图像的处理研究比较适合使用目标逼近法，这和信息科学领域的图像处理研究也有很大的区别。信息科学领域的图像处理研究有时不知道结果是否准确，但碳酸盐岩地区岩石图像的图像处理研究往往可以立即知道研究结果是否背离准确值。

由于碳酸盐岩地区岩石图像的图像处理研究中使用了自然语言的形式化，因此，在图像处理研究中使用的图像处理算法与信息科学领域中的也有一定的区别。碳酸盐岩地区岩石图像的图像处理研究主要借助GeoAgent技术来实现，所以在图像处理研究中必须兼顾GeoAgent技术的应用。基于碳酸盐岩地区岩石图像的图像处理研究得到的碳酸盐岩地区气候变化曲线，有可能需要使用数学方法进行曲线拟合，所以必须重视图像处理算法与气候变化曲线拟合算法的兼容。

碳酸盐岩岩石偏光显微图像的RGB值分布也和其他显微图像有一定区别，所以，在碳酸盐岩地区岩石图像的图像处理研究中要重视碳酸盐岩岩石图像的预处理，要先调整碳酸盐岩岩石偏光显微图像的RGB值分布区间，去掉因图像获取来源造成的异常分布的RGB值，再进行碳酸盐岩地区岩石图像处理研究。

碳酸盐岩地区岩石图像的图像处理研究应该遵循图像获取、预处理、灰度化处理、二值化处理、岩石孔隙度计算的一般过程。在完成图像的预处理后，要对碳酸盐岩岩石偏光显微图像进行灰度化处理，使用自定义的灰度公式（不一定是标准灰度公式），将预处理后的碳酸盐岩岩石偏光显微图像转换为灰度图像。

CERP中保存的碳酸盐岩岩石图像是本研究的重要研究基础，这些岩石图像一般都已用于碳酸盐岩的岩性分析。要注意将碳酸盐岩地区岩石图像的图像处理研究结果和CERP中的研究结果进行对比。如果两者一致，可以认定利用GeoAgent技术进行的碳酸盐岩地区气候变化研究结果可信。如果两者不一致，要仔细分析差异产生的原因，并对GeoAgent算法模型的算子做适当修改，尽可能缩小两者的差异。

本研究在编程实现过程中有时会使用图像处理控件，首先要注意图像处理控件的版权合法性，不要使用无版权的商业控件，其次要注意图像处理控件应该是可以替换的，尽量不要使用无法替换的图像处理控件。

（十一）开放源代码在碳酸盐岩地区气候变化研究中的应用

开放源代码在自然科学的很多研究领域都有广泛的应用，在作为地学领域重要组成部分的碳酸盐岩研究中也有重要的应用前景。开放源代码最大的特点是公开，所有碳酸盐岩研究人员都可以通过合法的途径得到相关代码（未经授权的反编译代码不适用于碳酸盐岩研究）。开放源代码一般只限制商业用途使用，对在科研领域的使用一般没有限制（开放源代码作者在代码中以版权声明的方式进行的用途限制除外），比较适合非商业用途的碳酸盐岩研究。

很多SCI期刊对开放源代码的使用比较友好，只要开放源代码的版权协议合适，发表使用开放源代码研究的论文一般没有法律风险。如果使用在来历不明的网站上下载的代码，会给研究团队的正常科研行为带来难以预估的法律风险。所以，要提醒研究团队的所有成员，只能在版权协议公开的代码托管网站上下载开放源代码。一些国外的大型人工智能领域的科技公司会开发商业代码，这些开放源代码也可以用于碳酸盐岩研究，但要注意其版权协议是否符合碳酸盐岩研究的要求，要特别注意其版权协议中是否有禁止修改代码的条款，有没有限制科研用途。

在碳酸盐岩地区气候变化研究中，开放源代码是很重要的学术资源，要予以重视并尽可能地利用。开放源代码的来源主要是各种代码托管网站，但不同代码托管网站上的开源协议是不同的（务必注意开放源代码除了有版权协议外，往往还有开源协议，一定要在使用前仔细分析其版权协议和开源协议的法律效力），要注意开放源代码所在代码托管网站的开源协议中对开放源代码用途的限制，不要在违反开源协议的情况下使用开放源代码，给研究团队带来法律风险。

有的开放源代码的原创作者写有版权声明和用途声明，请予以尊重并保留，对自己修改和增加的代码，注意以注释的方式标明本研究团队的版权声明和用途声明（一般限制营利性用途，注意不要写限制商业用途，营利性用途不仅仅是商业用途）。对于开放源代码的使用，要加强对研究团队成员的科学道德教育。如果开源协议写明了拒绝他人对代码进行修改，那么将这些受限制的代码集成到GeoAgent代码中是不合适的。将版权协议或开源协议有限制的开放源代码的变量名称重新定义后查找替换，或将其循环部分换方式重写，或在开放源代码中增加一些不影响运行结果的冗余代码都是不合适的，研究团队负责人或教师一定要加强对代码的审核。

有些开放源代码仅以文本格式的形式公开，没有提供工程文件，但这些代码其实也是很宝贵的，要仔细分析，尽可能地将这些代码调通测试。有的软件（如MATLAB或SCILAB）运行开放源代码往往需要先安装好测试环境，没有调通的代码不一定无法使用，要仔细分析这些代码的测试要求，重点是这些代码的算法实现过程可否借鉴。有的开放源代码需要使用控件，要仔细分析使用的是开源控件还是商业控件，尽量选择使用开源控件的开放源代码。对于商业控件的开放源代码，能否用于碳酸盐岩研究要具体情况具体分析。

基于GeoAgent的碳酸盐岩地区气候变化研究要重点搜集GeoAgent算法模型、形式语言与自动化、图像处理、数学拟合等方面的开放源代码。在开放源代码的搜集过程中，要注意相关代码的搜集，可能这些代码表面上看和碳酸盐岩地区气候变化研究没有太大关系，比如元胞自动机的开放源代码，但实际上它们在碳酸盐岩地区气候变化研究中有很广泛的应用意义。对于部分元胞自动机开放源代码，只要其作者授予了对开放源代码的修改权，将其移植到有穷自动机上并不是一件复杂的事情。

在使用开放源代码时，要加强代码审核，注意分析开放源代码有无安全漏洞。开放源代码不是商业代码，开发者没有保障安全的义务，所以需要开放源代码的使用者自行补上安全策略和安全代码。有的开放源代码带有恶意木马或是钓鱼代码，使用开放源代码时一定要注意安全问题。在实际应用中，建议准备一台安装好测试环境的计算机作为专门的开放源代码测试设备，开放源代码调试通过且没有发现安全问题后，再将其用于研究。开放源代码的作者没有保证代码稳定性与兼容性的义务，所以使用时要反复进行软件测试，确保不会给GeoAgent算法模型带来程序错误问题。

有的开放源代码是基于特定函数开发的，要找到开放源代码使用的函数后，再决定是否使用该开放源代码。如果代码开源但使用的函数没有开源，又难以利用开放源代码反推出函数，则必须慎重使用。碳酸盐岩研究人员特别是项目负责人要对本研究所使用的全部代码负责。在面向碳酸盐岩研究的开放源代码获得过程中，应该根据代码托管网站的版权协议和开源协议，先在国内代码托管网站上搜寻合适的代码，然后再去国外代码托管网站上搜寻。在搜寻开放源代码时，要注意分别按照满足论文（专著等）出版需要、应用软件内部分发需要和应用软件同行分发需要来搜寻，要注意开放源代码的限制性条款是否满足不同的研究需要，避免出现法律风险。

四、研究的可行性

一项科学研究在立项之前，应该进行深入的研究可行性分析，以防研究在立项后出现问题。利用GeoAgent技术进行碳酸盐岩地区气候变化研究属于新兴的研究方法，该方法是否和以石笋、岩溶沉积物为研究依据的方法一样可以用于碳酸盐岩地区气候变化研究，需要深入探讨分析。对本研究的可行性分析，可以从技术可行性、经济可行性和立项可行性三个方面入手。在技术可行性上，要注意说明为什么有传统碳酸盐岩研究方法还要使用GeoAgent技术进行碳酸盐岩地区气候变化研究，还要注意说服其他碳酸盐岩研究学者接受该研究方法，这样才能保证这一新兴研究方法有良好的应用前景；在经济可行性上，要注意说明本研究方法和其他碳酸盐岩地区气候变化研究方法相比，所具有的经济优势，特别要注意论证它是值得立项投入的；在立项可行性上，要注意对本研究立项后产生的科研成果、社会效益与经济效益做充分的论证，有根据地说明本研究的立项价值。

（一）技术可行性

传统碳酸盐岩研究方法在碳酸盐岩研究领域的应用已经有很长的历史，利用石笋或岩溶沉积物进行的气候变化研究有比较多的公开发表的研究成果，在技术上都是可行的，为GeoAgent技术在碳酸盐岩地区气候变化研究中的应用奠定了良好的基础。那么，利用GeoAgent技术进行的碳酸盐岩地区气候变化研究是否可行？为什么要利用GeoAgent技术进行碳酸盐岩地区气候变化研究？这些都是需要仔细研究的问题。

进行碳酸盐岩地区气候变化研究的手段有很多，适用于某个碳酸盐岩地区的气候变化研究手段，不一定适用于其他碳酸盐岩地区。如果研究区采样点的面积比较小，在该碳酸盐岩地区内不一定能找到合适的石笋和岩溶沉积物，也较难进行岩溶水与岩溶微生物的采集，那么GeoAgent技术结合碳酸盐岩岩石图像就是很好的碳酸盐岩地区气候变化研究的替代手段。在碳酸盐岩地区找不到石笋或岩溶沉积物作为气候变化研究依据时，也可以使用传统碳酸盐岩研究方法来进行碳酸盐岩地区气候变化研究。但和利用GeoAgent

技术进行的碳酸盐岩地区气候变化研究相比,传统碳酸盐岩研究方法的研究成本更高,研究周期更长,不一定能完全符合面积较小的碳酸盐岩地区气候变化研究的需要,因此,GeoAgent技术在碳酸盐岩地区气候变化研究中的优势很明显。

基于GeoAgent的碳酸盐岩地区气候变化研究主要是通过对碳酸盐岩岩石图像的处理与分析来实现的,所以碳酸盐岩岩石图像的来源是非常重要的,直接关系到研究的成败。碳酸盐岩岩石图像多数是通过偏光显微镜获得的,目前,基础的碳酸盐岩岩石图像采集设备(如偏光显微镜等)普及程度很高,很多高校实验室都有配备,部分高校还配备了分辨率更高的电子显微镜。一些高校对大型设备持开放的态度,只要以合适的方式申请,基本能获得大型设备的使用权。所以,在利用GeoAgent技术进行碳酸盐岩地区气候变化研究时,一般不用太担心碳酸盐岩岩石图像的获取途径,这为本研究奠定了良好的基础。

基于GeoAgent的碳酸盐岩地区气候变化研究对科研硬件设备的要求不高,普通的计算机主机和服务器就可以达到算力要求。基于移动地理信息系统技术针对该研究研发的APP,也比较符合移动设备的现状,即使不能获得新的移动设备也可以用以前的移动设备代替,不用考虑移动设备的问题。在碳酸盐岩地区获取用于获得碳酸盐岩岩石图像的碳酸盐岩岩石玻片的难度不大,单张碳酸盐岩岩石玻片的加工制作成本不高,比较适合用于碳酸盐岩地区气候变化研究。通过偏光显微镜和碳酸盐岩岩石玻片获得碳酸盐岩岩石图像的操作难度也不大,大多数研究人员在短时间培训后都能掌握。

为碳酸盐岩地区气候变化研究而建立的GeoAgent算法模型,结合传统碳酸盐岩研究方法资料的自然语言形式化而形成的有穷自动机也容易被地理信息系统专业学术型硕士研究生掌握。GeoAgent算法模型有大量在代码托管网站或数据托管网站上发布的开放源代码作为算法实现的支撑,其算法也可以借助MATLAB或SCILAB来实现,总体难度不大,在技术上是可行的。

利用GeoAgent技术结合碳酸盐岩岩石图像得到的碳酸盐岩岩石孔隙度和岩溶发育速度,可以和使用传统碳酸盐岩研究方法得到的碳酸盐岩岩石孔隙度和岩溶发育速度相互比对，可以用目标逼近的方式实现GeoAgent算法模型的迭代，即GeoAgent算法模型的迭代是有逼近目标的迭代，是有依据的迭代。

在碳酸盐岩地层信息的基础上，利用GeoAgent技术结合碳酸盐岩岩石图像得到碳酸盐岩岩石孔隙度和岩溶发育速度，在坐标系中构建碳酸盐岩地区气候变化曲线，在技术上也是可行的。将利用碳酸盐岩岩石孔隙度和岩溶发育速度构建的碳酸盐岩地区气候变化曲线，和已经公开发表的相同碳酸盐岩地区的气候变化曲线进行对比，就可以对通过GeoAgent技术得到的气候变化曲线进行修正。基于GeoAgent技术构建的碳酸盐岩地区气候变化曲线，可以通过数学方法进行曲线拟合，这在技术上也是可行的。碳酸盐岩地区气候变化研究往往有很多已经公开发表的研究成果，这为GeoAgent技术在碳酸盐岩地区气候变化研究中的应用可行性奠定了良好的基础。

(二)经济可行性

一个新兴研究方法除了要考虑在技术方面是否可行，还要考虑在经济方面是否可行。如果一个新兴研究方法在技术可行性上有优势，但没有经济可行性，也是很难得到推广和发展的。和以往的研究方法相比，新兴研究方法在经济投入产出上是否有明显优势，是判定新兴研究方法是否可行的重要因素。这种经济可行性并不代表新兴研究方法对研究经费的要求就一定低，还要考虑运用这一研究方法得到的研究成果的价值。如果新兴研究方法能在取得更多研究成果的情况下，对研究经费的要求明显降低，是比较理想的情况。

采用传统碳酸盐岩研究方法进行碳酸盐岩地区气候变化研究，所需的研究经费较多，没有一定的经费支持很难进行这类研究。在传统碳酸盐岩研究方法中，石笋、岩溶沉积物的采集、加工和测试成本都是很高的，大多都是基础性研究，其研究经费可以由纵向项目来支持，而很多应用性研究是由横向项目来提供研究经费的，所以必须考虑现有项目的经费情况。一些为碳酸盐岩地区工程建设服务的碳酸盐岩地区气候变化研究，其研究经费不像基础性研究那样充足，研究者必须在有限的经费条件下得出可信的研究结果，这就需要新的对研究经费要求不高的碳酸盐岩地区气候变化研究手段。

基于GeoAgent的碳酸盐岩地区气候变化研究利用GeoAgent技术结合碳酸盐岩岩石玻片获得岩石图像，通过图像的处理与分析得到碳酸盐岩的岩石孔隙度或岩溶发育速度，进而构建碳酸盐岩地区气候变化曲线。这一研究过程的研究成本比获取石笋、岩溶沉积物样本要低得多，是比较理想的气候变化研究手段。通过论文检索数据库下载已公开发表的碳酸盐岩地区气候变化研究论文的成本并不高，一些OA期刊的研究论文可以全文免费下载，这些研究论文为基于公开发表的研究成果的碳酸盐岩地区气候变化曲线的构建建立了良好的经济优势。

由于工程建设的需要，碳酸盐岩地区往往已经查清了地层分布情况，即碳酸盐岩地区的地层信息是“存量”数据。在CERP中，可能也会有一些碳酸盐岩地区地层分布的“存量”数据，这都降低了基于GeoAgent的碳酸盐岩地区气候变化研究成本。在碳酸盐岩地区进行碳酸盐岩的岩性分析时，往往会加工很多碳酸盐岩岩石玻片，这些是获得碳酸盐岩岩石图像的“存量”资源。CERP中也有很多“存量”碳酸盐岩岩石图像资源，可以通过数据挖掘技术有效地降低碳酸盐岩地区气候变化研究的成本。在计算碳酸盐岩地区的地层单轴抗压强度时，会得到碳酸盐岩的岩石孔隙度和岩溶发育速度“存量”数据，CERP中也有碳酸盐岩的单轴抗压强度测试“存量”数据，可以用于碳酸盐岩地区气候变化研究，能有效降低研究成本。

基于GeoAgent的碳酸盐岩地区气候变化研究主要是通过GeoAgent算法模型的算法推导与实现来进行的，研究过程对经费的要求不高，成本主要集中在计算硬件设备与云服务器方面（研究所用软件一般使用开源软件或自行研发），横向项目的经费基本可以满足研究要求，能够做到以较少的资金投入完成碳酸盐岩地区气候变化研究。GeoAgent算法模型的迭代可以基于TCRM研究结果以目标逼近的方式来实现，因此对研究经费的要求也不高，对研究人员比较友好。该研究比较适合小型研究团队，对人力资源、软硬件资源的要求不高，由一般实验室都配备的偏光显微镜、计算机主机和服务器加几部手机就可以完成，一般可以在不增加固定资产的情况下开展研究。由于碳酸盐岩地区的地层信息是“存量”数据，以碳酸盐岩地层顺序来确定碳酸盐岩地区气候变化坐标系上的时间轴，与以石笋等为研究依据的气候变化研究相比，在研究经费上有明显的优势。

(三)立项可行性

一个新兴的研究方法是否值得立项投入，要看立项后研究的投入产出以及和以往的研究手段相比是否有明显的优势。这种优势要同时体现在技术创新、经济和社会效益上，即和以往的研究手段相比，新兴研究方法应该在技术上有明显创新，在经济效益、社会效益上有明显优势，这样才值得进行科研立项。

利用GeoAgent进行的碳酸盐岩地区气候变化研究，在项目立项上是完全可行的。首先，本研究和利用石笋等研究依据进行的碳酸盐岩地区气候变化研究项目相比，在研究经费上更有优势，在项目立项的经济方面是有条件的。本研究和传统碳酸盐岩研究方法相比，明显效率更高、研究周期更短，用于研究的人力成本也明显具有优势。其次，本研究在技术上有良好的创新。将人工智能技术引入并应用于地学领域的碳酸盐岩地区气候变化研究，是重要的创新点。由于碳酸盐岩地区的碳酸盐岩岩石玻片都可以用于生成碳酸盐岩岩石图像，所以“存量”的碳酸盐岩岩石玻片是岩石图像的重要来源保证，有足够多的岩石玻片意味着有足够多的岩石图像，这为GeoAgent技术在碳酸盐岩地区气候变化研究的应用奠定了良好的基础。这也意味着以GeoAgent技术进行的碳酸盐岩地区气候变化研究是可行的，且比传统碳酸盐岩研究方法在研究成本上更具优势。最后，碳酸盐岩地区气候变化研究有良好的社会效益，利用GeoAgent技术进行的碳酸盐岩地区气候变化研究可以有效地促进工程建设的环境评估，对地方经济建设也有参考借鉴意义。

本研究可以为碳酸盐岩地区气候变化研究培养和积累人才。一是通过参与研究，地理信息系统专业高年级本科生可以得到科研机会，熟悉科研业务。二是通过推广地理信息系统专业技能在碳酸盐岩研究中的应用，可以吸引、留住优秀本科人才，改善岩溶信息系统学术型硕士研究生的生源质量。

基于GeoAgent的碳酸盐岩地区气候变化研究是地理信息系统专业与岩溶专业的重要交叉领域，有助于促进岩溶信息系统研究方向的进一步发展，对地理信息系统和岩溶研究都有拓展前沿的研究意义。首先,本研究可以促进GeoAgent的发展,扩大GeoAgent技术在地学领域的应用范围,使更多研究人员意识到,GeoAgent技术可以应用到自己的研究领域。其次,本研究获得碳酸盐岩岩石孔隙度和岩溶发育速度的方法,能促进传统碳酸盐岩研究方法的改进,是岩溶研究的重要进展。最后,本研究以碳酸盐岩岩石图像对应的碳酸盐岩地层来确定碳酸盐岩地区气候变化曲线的横坐标(时间轴),是碳酸盐岩地区气候变化曲线时间轴确定方法的重要改进。

本研究经费要求合理,技术方案成熟,是碳酸盐岩地区气候变化研究领域的重要创新,有良好的经济效益与社会效益,同时有助于相关领域的人才培养,对GeoAgent技术的推广也有重要意义。因此,本研究值得立项。

第四章 研究结果

一、碳酸盐岩地区碳酸盐岩的岩石孔隙度

在传统碳酸盐岩研究方法中，碳酸盐岩的岩石孔隙度是重要的研究指标。和传统碳酸盐岩研究方法类似，利用GeoAgent技术进行碳酸盐岩研究时，岩石孔隙度也是非常重要的研究指标。本研究利用基于GeoAgent技术得到的碳酸盐岩岩石孔隙度来构建碳酸盐岩地区气候变化曲线，得到该碳酸盐岩地区的碳酸盐岩岩石孔隙度表。这个碳酸盐岩岩石孔隙度表应该包括以下几部分内容。

第一，碳酸盐岩样本的编号，用于区分不同的碳酸盐岩样本。碳酸盐岩样本编号应该是唯一的，并满足一定的编号规则，还应该包括该碳酸盐岩样本所在地层的信息（该碳酸盐岩地层信息要能反映碳酸盐岩地层的层序划分），这样才能将碳酸盐岩样本的岩石孔隙度和碳酸盐岩地层进行对应。

第二，碳酸盐岩样本采集点的经度、纬度与高程信息，以反映碳酸盐岩样本采集点的空间位置。有了详尽的空间信息才能进行碳酸盐岩采样点的三维建模，即在下载的DEM（数字高程模型）数据中插入采样点的位置，直观地显示碳酸盐岩研究区情况。

第三，使用不同方法得到的碳酸盐岩岩石孔隙度，如利用传统碳酸盐岩研究方法和利用GeoAgent技术得到的碳酸盐岩岩石孔隙度，以验证利用GeoAgent技术得到的碳酸盐岩岩石孔隙度的可靠性。两种不同方法得到的碳酸盐岩岩石孔隙度的值不应该完全一样，也不应该差异很大，如果差异很大，要注意将该记录标红显示。

第四，不同时间、同一碳酸盐岩采样点的碳酸盐岩岩石孔隙度值，即表内应该有一列用于记录碳酸盐岩样本的采集时间，以便分析碳酸盐岩岩石孔隙度的变化趋势。在碳酸盐岩岩石孔隙度表中，每个碳酸盐岩采样点的研究数据不能只有一条记录，如果部分采样点只有一条数据记录，要在后续的研究中进行补充；同一碳酸盐岩采样点的研究数据，以3~5项为宜，这样才能有效地开展碳酸盐岩岩石孔隙度发育趋势的分析。如果该碳酸盐岩采样点已无法再进行采样，要慎重使用这个碳酸盐岩采样点的数据。表内的碳酸盐岩岩石孔隙度数据可以是通过相同研究方法获取的，也可以是通过两种不同的研

究方法获取的。

此外,还要注意在表内注明碳酸盐岩岩石孔隙度研究方法中的细节,比如利用传统碳酸盐岩研究方法获得的碳酸盐岩岩石孔隙度数据应该注明使用的方法(如分形、浸泡或碳酸盐岩室内模拟实验),利用GeoAgent技术获得的碳酸盐岩岩石孔隙度应该注明使用的自动机类别。碳酸盐岩岩石孔隙度表应该及时导入CERP,以备将来研究使用。在发表碳酸盐岩岩石孔隙度表之前,要注意和CERP中的碳酸盐岩研究成果进行对比分析。

二、碳酸盐岩地区碳酸盐岩的岩溶发育速度

本研究利用GeoAgent技术进行碳酸盐岩地区的碳酸盐岩岩溶发育速度研究来构建碳酸盐岩地区气候变化曲线,得到该地区的碳酸盐岩岩溶发育速度表。这个碳酸盐岩岩溶发育速度表和碳酸盐岩岩石孔隙度表类似。

第一,表内应包括碳酸盐岩样品的编号。由于碳酸盐岩岩溶发育速度和碳酸盐岩岩石孔隙度有很强的关联性,其编号规则应该和碳酸盐岩岩石孔隙度表一致,其编号是碳酸盐岩岩石孔隙度表的关联项,编号不能出现重复,利用两个表的编号可以检查碳酸盐岩岩溶发育速度的值是否可靠。碳酸盐岩岩溶发育速度表可以借助关联项查询碳酸盐岩岩石孔隙度表中碳酸盐岩样本所在的地层信息,这样就可以将碳酸盐岩样本的岩溶发育速度和碳酸盐岩地层进行对应,减少表内的数据存储量。同时,碳酸盐岩岩溶发育速度表还应该可以通过关联项查询碳酸盐岩岩石孔隙度表中碳酸盐岩样本采集点的经度、纬度与高程信息。通过关联的空间信息,来反映碳酸盐岩地区岩溶发育速度的三维分布,结合下载的DEM数据来显示碳酸盐岩地区岩溶发育速度的分布情况。

第二,表内应包括使用不同方法得到的碳酸盐岩岩溶发育速度数据,如用传统碳酸盐岩研究方法和用GeoAgent技术得到的碳酸盐岩岩溶发育速度(与碳酸盐岩岩石孔隙度表类似,通过两种方法得到的碳酸盐岩岩溶发育速度值不应该完全一样,也不应该相差太远)。由于碳酸盐岩岩溶发育速度是在利用GeoAgent技术获得的碳酸盐岩岩石孔隙度的基础上换算

得到的,所以,碳酸盐岩岩溶发育速度表中的数据记录行数应该远少于碳酸盐岩岩石孔隙度表。如果碳酸盐岩岩溶发育速度表中的数据记录行数比碳酸盐岩岩石孔隙度表还多,说明研究过程出现了问题,需要仔细检查碳酸盐岩岩溶发育速度的获取过程,然后进行改进,特别是针对同一碳酸盐岩采样点。

第三,表内应包括时间数据。碳酸盐岩岩石孔隙度表和碳酸盐岩岩溶发育速度表内的时间数据不同,前者记录的是碳酸盐岩样本的采集时间,后者记录的是在同一碳酸盐岩采样点采集碳酸盐岩样本的时间差(单位为天),以便分析碳酸盐岩的岩溶发育速度。这个时间差需要通过两个碳酸盐岩样本数据相减得到,即碳酸盐岩岩石孔隙度表中相同碳酸盐岩采样点的两条数据记录,才能形成碳酸盐岩岩溶发育速度表中的一条数据记录。

需要说明的是,用传统碳酸盐岩研究方法获得的碳酸盐岩岩溶发育速度如果是通过碳酸盐岩室内模拟实验获得的,应该在表中注明模拟实验的温度、压力等细节,以便其他研究人员重复研究或验证,特别是使用的岩溶水的细节,如碳酸氢根浓度等。

三、碳酸盐岩地区碳酸盐岩的气候变化曲线

以气候变化曲线的方式呈现基于GeoAgent的碳酸盐岩地区气候变化研究的结果,是最直观明显的。利用GeoAgent技术进行的碳酸盐岩岩石孔隙度和岩溶发育速度研究,是很好的碳酸盐岩地区气候变化研究依据,也是构建碳酸盐岩地区气候变化曲线的重要依据。用于研究岩石孔隙度和岩溶发育速度的碳酸盐岩样本都有对应的碳酸盐岩地层,因此,其岩石孔隙度值和岩溶发育速度值是反映碳酸盐岩地层所处地质时期气候情况的重要证据。碳酸盐岩岩石孔隙度值和岩溶发育速度值都和碳酸盐岩地层所处地质时期的气候变化有关,所以,可以将碳酸盐岩的岩石孔隙度或岩溶发育速度变化曲线作为碳酸盐岩地区气候变化曲线,即将不同碳酸盐岩地层的碳酸盐岩岩石孔隙度和岩溶发育速度按照地层顺序排列,就可以得到节点较为稀疏的碳酸盐岩地区气候变化曲线,这为气候变化曲线的完善奠定了基础。

在曲线中，当碳酸盐岩岩石孔隙度值和岩溶发育速度值比较高时，说明其横坐标对应地层所处地质时期的气候是温暖湿润的，反之则是寒冷干燥的。在构建碳酸盐岩地区气候变化曲线时，要注意按时间在横轴上排列碳酸盐岩地层，务必不要排列错误，否则碳酸盐岩地区气候变化曲线一定会有误。在以往的碳酸盐岩地区气候变化研究中，气候变化曲线的时间轴（横轴）很难确定，在利用石笋进行的碳酸盐岩研究中，研究人员有时会利用微层等进行时间节点的分析。但不是所有的碳酸盐岩地区都能利用石笋进行气候变化研究，所以，利用碳酸盐岩岩石孔隙度和岩溶发育速度构建碳酸盐岩地区气候变化曲线，有很明显的优势，其时间节点可以借助碳酸盐岩地层来确定，这种确定时间轴的研究方法比其他气候变化研究方法更容易。

在研究中，要注意碳酸盐岩地层数量对碳酸盐岩地区气候变化曲线的影响。由于碳酸盐岩地区的碳酸盐岩地层数量是有限的，坐标系横轴上的地层（时间节点）可能不是很多，反映到碳酸盐岩地区气候变化曲线上就是碳酸盐岩地区气候变化曲线的节点很稀疏，特别是和以石笋、岩溶沉积物为研究依据构建的气候变化曲线相比，会稀疏得多。因此，有必要对碳酸盐岩地区气候变化曲线进行数学拟合，使曲线的节点分布密度符合碳酸盐岩地区气候变化研究的需要。

将利用GeoAgent技术获得的碳酸盐岩岩石孔隙度和岩溶发育速度的值放到同一个坐标系中，是很好的对比分析碳酸盐岩地区气候变化的途径。同一研究中的碳酸盐岩岩石孔隙度曲线和岩溶发育速度曲线都反映的是该碳酸盐岩地区的气候变化情况，所以这两条曲线在同一个地层节点上的值可能有差异，但代表气候变化情况的曲线变化趋势应该是相同的。

一般而言，碳酸盐岩地区都会有已公开发表的气候变化研究论文，仔细分析这些论文也可以找到碳酸盐岩地区各碳酸盐岩地层节点的气候变化值，从而构建出基于公开发表研究成果的碳酸盐岩地区气候变化曲线。我们一般认定这条碳酸盐岩地区气候变化曲线是真实可信的，可以将它放入碳酸盐岩地区碳酸盐岩岩石孔隙度曲线和岩溶发育速度曲线所在的同一坐标系中进行对比分析。这三条曲线都反映的是相同碳酸盐岩地区的气候变化情况，所以这三条曲线在同一地层节点上的值可能有差异，但代表气候变化情况的曲线变化趋势应该是相同的。利用传统碳酸盐岩研究方法也可以得到碳酸盐岩样品的岩石孔隙度和岩溶发育速度,基于此也可以构建出碳酸盐岩地区气候变化曲线。本研究涉及的碳酸盐岩地区气候变化曲线,包括利用GeoAgent技术构建的碳酸盐岩地区气候变化曲线和利用传统碳酸盐岩研究方法构建的气候变化曲线,要注意对这两条气候变化曲线进行对比分析。

第五章 讨论与分析

一、在碳酸盐岩岩石孔隙度研究中应用GeoAgent技术的注意事项

利用GeoAgent技术进行碳酸盐岩地区碳酸盐岩岩石孔隙度研究，不能凭空进行数学推导，一定要有用传统碳酸盐岩研究方法得到的碳酸盐岩岩石孔隙度作为对比分析的依据。如果在CERP中有相同碳酸盐岩地区的数据，也可以作为应用GeoAgent技术进行碳酸盐岩地区碳酸盐岩岩石孔隙度研究的基础。

GeoAgent算法模型的迭代需要一些已知的研究数据作为目标，严格进行分析，这样用于碳酸盐岩地区碳酸盐岩研究的GeoAgent算法迭代才是严谨的，而不是数学游戏。在用传统碳酸盐岩研究方法得到的碳酸盐岩岩石孔隙度作为GeoAgent算法迭代对比分析的依据时，要注意对TCRM研究结果中的碳酸盐岩岩石孔隙度数据进行筛选。由于运用的具体方法不同，用传统碳酸盐岩研究方法得到的碳酸盐岩岩石孔隙度值，也会有一些小的差别，在进行对比分析研究时，要尽量选用差异较小的碳酸盐岩采样点的研究数据作为GeoAgent算法迭代的依据。

在相同采样点、相同碳酸盐岩地层采集的碳酸盐岩样本，有时由于岩石成分的差异，其岩石孔隙度不一定完全一致，有时使用相同的传统碳酸盐岩研究方法得到的岩石孔隙度有较大的差异。这时，需要仔细鉴别筛选，碳酸盐岩岩石孔隙度差异的最大值和最小值对应的碳酸盐岩样品不能作为GeoAgent算法迭代的目标逼近依据。相同采样点碳酸盐岩岩石孔隙度值差异不大的碳酸盐岩样品，可以取它们的平均值，这样能够减少利用GeoAgent技术进行的碳酸盐岩地区碳酸盐岩岩石孔隙度研究的误差。取平均值时是否要使用加权平均，需要根据现有研究数据情况来判断。如果使用了加权平均，要注意公布加权平均公式，这对于其他碳酸盐岩研究者进行重复性验证具有非常重要的意义。

在利用GeoAgent技术进行的碳酸盐岩地区碳酸盐岩岩石孔隙度研究中，对碳酸盐岩的岩石偏光显微图像有一定的要求，即图像的分辨率不能太低。由于本研究中的碳酸盐岩岩石孔隙度是通过对岩石偏光显微图像的像素点进行阈值二值化处理来获取的，碳酸盐岩岩石偏光显微图像的分辨率太低会影响研究结

果的准确度。

在对比分析利用GeoAgent技术得到的碳酸盐岩岩石孔隙度和利用传统碳酸盐岩研究方法得到的碳酸盐岩岩石孔隙度时，前者是利用编程自动实现的，所以，要注意将利用传统碳酸盐岩研究方法得到的碳酸盐岩岩石孔隙度数据输入数据库，将其作为代码运行时的对比依据（作为对比依据的碳酸盐岩岩石孔隙度数据不能太少）。

二、在碳酸盐岩岩溶发育速度研究中应用GeoAgent技术的注意事项

在利用GeoAgent技术进行碳酸盐岩地区气候变化研究时，可以将以GeoAgent技术获得的碳酸盐岩岩石孔隙度换算为岩溶发育速度。利用GeoAgent技术进行碳酸盐岩岩溶发育速度研究是新兴的研究方法，要注意取得其他碳酸盐岩研究学者的认可。在以往的碳酸盐岩研究中，很多利用传统碳酸盐岩研究方法获得碳酸盐岩岩溶发育速度的研究成果，是很好的利用GeoAgent技术获取碳酸盐岩岩溶发育速度的研究基础。所以，本研究将利用传统碳酸盐岩研究方法得到的碳酸盐岩岩溶发育速度作为对比分析的依据。

碳酸盐岩岩溶发育速度研究中运用的常见的传统碳酸盐岩研究方法主要有两种。一种是将单个碳酸盐岩样品加工成试样，在室内模拟碳酸盐岩地层的温度、压力和岩溶水条件等，将碳酸盐岩试样放入碳酸盐岩室内模拟研究装置，经过一段时间的室内模拟实验，以实验前后的碳酸盐岩试样的质量净差推算碳酸盐岩试样的岩溶发育速度。另一种是将不同时间采集的碳酸盐岩样品加工成碳酸盐岩试样，用压渗浸泡法将水充满碳酸盐岩试样的所有孔隙，以碳酸盐岩试样在压渗浸泡前后的质量变化来计算碳酸盐岩的岩石孔隙度，再换算出碳酸盐岩的岩溶发育速度。这两种研究方法得到的碳酸盐岩岩溶发育速度，是很好的基于GeoAgent得到的碳酸盐岩岩溶发育速度的对比研究依据。

和应用GeoAgent技术进行的碳酸盐岩地区碳酸盐岩岩石孔隙度研究类似，应用GeoAgent技术进行的碳酸盐岩地区碳酸盐岩岩溶发育速度研究不能

完全依据数学推导，必须有相应的、可信的碳酸盐岩岩溶发育速度作为目标逼近的依据，以此来实现用于碳酸盐岩岩溶发育速度研究的GeoAgent的算法迭代。利用传统碳酸盐岩研究方法获得的碳酸盐岩岩溶发育速度，是很好的目标逼近依据，也是本研究中重要的碳酸盐岩岩溶发育速度目标逼近依据。在以往的碳酸盐岩研究中，有很多碳酸盐岩地区都进行了碳酸盐岩岩溶发育速度研究，因此，碳酸盐岩岩溶发育速度这一研究数据不难找到，困难的是要对各类研究成果中的碳酸盐岩的岩溶发育速度进行鉴别和筛选，从中选择符合本研究需要的数据。

应用GeoAgent技术进行的碳酸盐岩地区碳酸盐岩岩溶发育速度研究受碳酸盐岩岩石玻片的影响很大，有时在同一碳酸盐岩采样点、不同采样位置采集的碳酸盐岩样品加工得到的碳酸盐岩岩石玻片，目视就可以发现它们有很大区别，这是因为这些碳酸盐岩样品的岩石成分可能有一定的区别。所以，用传统碳酸盐岩研究方法处理分析同一碳酸盐岩采样点、不同采样位置的碳酸盐岩样品时，要先去掉那些反常的碳酸盐岩岩溶发育速度值（明显脱离正常碳酸盐岩岩溶发育速度值分布区间，比正常值高得多或低得多的碳酸盐岩岩溶发育速度值），建议再以加权取平均值的方式尽可能地减少作为GeoAgent算法迭代的目标逼近值的碳酸盐岩岩溶发育速度的误差。在筛选碳酸盐岩岩溶发育速度数据时，可以采用数理统计中的正态分布原则。和碳酸盐岩岩石孔隙度研究类似，如果采用加权平均的方式计算碳酸盐岩岩溶发育速度，应该公开这个加权平均公式。同时，该碳酸盐岩地区利用传统碳酸盐岩研究方法得到的碳酸盐岩岩溶发育速度数据不能太少，以避免加权平均后碳酸盐岩岩溶发育速度平均值与该碳酸盐岩地层的真实岩溶发育速度相差太远。

应用GeoAgent技术进行的碳酸盐岩地区碳酸盐岩岩溶发育速度研究和应用GeoAgent技术进行的碳酸盐岩地区碳酸盐岩岩石孔隙度研究也有一些区别，前者使用的碳酸盐岩岩石玻片只要来源于位置不同的碳酸盐岩即可，而后者对碳酸盐岩样本的采集时间有一定要求，最好不要使用采集时间相隔太近的碳酸盐岩样本。

三、以利用GeoAgent获得的碳酸盐岩岩石孔隙度构建气候变化曲线的原则

在碳酸盐岩地区进行气候变化研究的方式有很多,气候变化曲线是常见的碳酸盐岩地区气候变化研究结果。如果要以气候变化曲线的方式呈现碳酸盐岩地区的气候变化情况,就需要找到合适的碳酸盐岩气候变化依据。碳酸盐岩地区的气候变化研究并不一定是借助岩溶研究来实现的,黄土、地磁场等也是碳酸盐岩地区重要的气候变化研究依据,但岩溶研究却是碳酸盐岩地区气候变化研究区别于其他地区气候变化研究的重要特点,是碳酸盐岩地区气候变化研究的重要组成部分,值得研究人员重视。

作为全球或局部地区气候变化研究的结果,大多数的气候变化曲线的横坐标反映的是时间序列,纵坐标反映的是气候冷暖的变化。由于碳酸盐岩地区的气候变化和岩溶作用是密切相关的,碳酸盐岩岩石孔隙度是碳酸盐岩地区气候变化的重要指标。因此,碳酸盐岩岩石孔隙度是很好的用于构建碳酸盐岩地区气候变化曲线的纵坐标依据。由于碳酸盐岩试样都带有地层属性,而地层分布是有时间顺序的,所以以碳酸盐岩研究的方式进行气候变化曲线研究,能很容易就得到气候变化曲线的横坐标。每一个碳酸盐岩试样的岩石孔隙度研究结果,都包含该试样的时间值(地层顺序)和气候变化强弱值(岩石孔隙度),从而形成一个可以用于构建气候变化曲线的节点。将这些气候变化节点以适当的方式(如平滑曲线或基于某种算法的曲线)连接起来,就可以得到碳酸盐岩地区气候变化曲线了。

和碳酸盐岩地区常见的石笋等气候变化研究依据相比,碳酸盐岩岩石孔隙度是广泛存在的碳酸盐岩研究指标,无论是获取难度、研究成本,还是研究效率,都具有明显的优势。在很多常见的碳酸盐岩研究区,甚至不需要新增研究,利用以往的碳酸盐岩研究结果,就能找到该碳酸盐岩地区所有地层碳酸盐岩样品的岩石孔隙度数据,可以直接构建碳酸盐岩地区气候变化曲线。

碳酸盐岩岩石孔隙度可以通过传统碳酸盐岩研究方法和GeoAgent技术

获得。和传统碳酸盐岩研究方法相比，利用GeoAgent技术获得碳酸盐岩岩石孔隙度的研究成本更低，研究效率更高。通过利用GeoAgent技术获得的碳酸盐岩岩石孔隙度构建气候变化曲线有几个重要原则。

第一，保证碳酸盐岩地层完整。在利用GeoAgent技术获得的碳酸盐岩岩石孔隙度构建气候变化曲线时，碳酸盐岩岩石孔隙度数据的碳酸盐岩地层不能有缺失。碳酸盐岩样品所处的碳酸盐岩地层起着标识时间节点的作用，因此，如果碳酸盐岩岩石孔隙度数据中有一部分碳酸盐岩地层数据缺失，就很难建立起完整的气候变化曲线。如果发现研究中的碳酸盐岩地层有缺失，要注意设法组织相关碳酸盐岩地层的重新采样，补全碳酸盐岩地层信息。如果难以组织重新采样，就应该在已有碳酸盐岩研究数据中，特别是在公开发表的论文或CERP中仔细寻找有关该碳酸盐岩地层的“存量”研究数据作为构建气候变化曲线的依据。如果实在找不到该碳酸盐岩地层的碳酸盐岩岩石孔隙度数据，在构建气候变化曲线时，应该实事求是地将该碳酸盐岩地层节点的值空缺，并在文字注释中说明。

第二，使用相同的GcoAgent算法模型。本研究就是使用的相同的有穷自动机模型得到碳酸盐岩岩石孔隙度数据，只有使用相同的算法模型，得到的数据才能用于同一碳酸盐岩地区气候变化曲线的构建。

第三，使用相同的曲线拟合方法。由于碳酸盐岩地区的碳酸盐岩地层数量是有限的，曲线拟合是非常有必要的。在对利用碳酸盐岩岩石孔隙度构建的碳酸盐岩地区气候变化曲线进行数学拟合时，同一条气候变化曲线只能使用同一种数学拟合算法，即同一气候变化曲线上的节点不能通过两种及以上的数学拟合算法得到。

第四，要仔细对比。在利用碳酸盐岩地区或其邻近地区的公开发表论文中的气候变化数据构建气候变化曲线后，要将其放入利用碳酸盐岩岩石孔隙度构建的气候变化曲线的坐标系中，进行时间节点的对比，即要对碳酸盐岩岩石玻片对应的碳酸盐岩地层所处的地质时期和公开发表的数据进行对比。在对比时，要注意鉴别公开发表论文研究成果的可靠性，对于公开发表的比较反常的数据，要注意仔细筛选是否可用于曲线对比。

四、以利用GeoAgent获得的碳酸盐岩岩溶发育速度构建气候变化曲线的原则

由于碳酸盐岩地区的气候变化和岩溶作用是密切相关的，作为碳酸盐岩地区岩溶研究的重要指标，碳酸盐岩岩溶发育速度也是碳酸盐岩地区气候变化研究中不可忽视的研究指标。和碳酸盐岩岩石孔隙度类似，碳酸盐岩岩溶发育速度也是很好的构建碳酸盐岩地区气候变化曲线的依据，可以通过传统碳酸盐岩研究方法和GeoAgent技术获得。传统碳酸盐岩研究方法的优点是在碳酸盐岩研究人员中的认可度比较高，也有比较成熟的研究先例和成果；缺点是研究成本比较高，研究周期较长，如果以碳酸盐岩室内模拟实验的方式进行，研究效率无法和GeoAgent技术相比。

利用GeoAgent技术获得的碳酸盐岩岩溶发育速度，是重要的碳酸盐岩地区气候变化曲线的构建基础。和利用碳酸盐岩岩石孔隙度构建气候变化曲线类似，以利用GeoAgent获得的碳酸盐岩岩溶发育速度构建气候变化曲线有几个重要原则。

第一，保证碳酸盐岩地层完整。利用GeoAgent获得的碳酸盐岩岩溶发育速度，应该覆盖碳酸盐岩地区的全部碳酸盐岩地层，不能有地层的缺失，这样才可以反映碳酸盐岩地区连续的气候变化情况。如果在研究中发现碳酸盐岩地层的岩溶发育速度数据不完整，处理原则应该和碳酸盐岩岩石孔隙度研究一样，即尽量设法找到缺失的碳酸盐岩地层的岩溶发育速度，若确实找不到，要实事求是地空缺该节点，并在气候变化曲线的文字注释中加以说明。

第二，使用加权平均公式计算的碳酸盐岩岩溶发育速度值应来源于同一碳酸盐岩地层。在以加权平均的方式计算不同碳酸盐岩地层的气候变化节点值时，一定要注意所有参与加权平均计算的碳酸盐岩岩溶发育速度数据一定要来源于同一碳酸盐岩采样点、不同采样位置的碳酸盐岩样品制成的岩石玻片，不同碳酸盐岩采样点意味着其碳酸盐岩地层可能不同，不能参与同一地层碳酸盐岩岩溶发育速度的加权平均计算。换而言之，利用Geo-

Agent获得碳酸盐岩岩溶发育速度，一定要用多个相同碳酸盐岩采样点的碳酸盐岩岩石孔隙度来换算。某一个碳酸盐岩采样点，如果只有一个碳酸盐岩岩石玻片，是无法利用碳酸盐岩岩石孔隙度来计算碳酸盐岩岩溶发育速度的。

第三，使用相同的GeoAgent算法模型。本研究以加权平均的方式得到的碳酸盐岩岩溶发育速度值，是先通过碳酸盐岩岩石玻片借助偏光显微镜得到碳酸盐岩岩石图像，再通过GeoAgent算法模型而得到的。由于不同的GeoAgent算法模型得到的碳酸盐岩岩溶发育速度不同，参与加权平均计算的碳酸盐岩岩溶发育速度值，必须使用相同的GeoAgent算法模型。和碳酸盐岩岩石孔隙度研究类似，加权平均公式应该公开。

第四，进行加权平均计算的碳酸盐岩岩溶发育速度值应是GeoAgent算法迭代后的值。利用GeoAgent技术获得的碳酸盐岩岩溶发育速度会将利用传统碳酸盐岩研究方法得到的碳酸盐岩岩溶发育速度作为目标逼近值，以实现GeoAgent算法模型的迭代，所以进行加权平均计算的碳酸盐岩岩溶发育速度值应该是迭代完成后的结果值，不能用目标逼近过程中的算法迭代值进行加权平均计算。

此外，和利用GeoAgent技术获得的碳酸盐岩岩石孔隙度构建气候变化曲线类似，利用GeoAgent技术获得的碳酸盐岩岩溶发育速度构建气候变化曲线时，也需要进行气候变化曲线的数学拟合。

五、利用GeoAgent技术构建碳酸盐岩地区气候变化曲线的注意事项

利用GeoAgent技术构建碳酸盐岩地区气候变化曲线是全新的碳酸盐岩地区气候变化研究手段，在研究中要注意以下的事项。

第一，要努力得到国内碳酸盐岩研究人员的认可。如何将利用GeoAgent技术构建碳酸盐岩地区气候变化曲线这一新兴的研究方法推介给其他碳酸盐岩研究人员呢？我们可以坚持“请进来”与“走出去”原则。“请进来”即多邀请

其他碳酸盐岩研究人员来交流，向他们介绍这一新兴的碳酸盐岩研究技术。如果一些碳酸盐岩学者工作比较忙，可以邀请一些从事碳酸盐岩研究的研究生来交流，他们是碳酸盐岩研究的未来，让他们了解这一新兴技术有着重要的意义。“走出去”即多参加学术活动，与碳酸盐岩学者进行交流，向他们介绍这一新兴技术，如果教师有教学任务不能经常外出，可以多安排研究生外出交流。

第二，要慎重选择用于碳酸盐岩地区气候变化研究的GeoAgent算法模型。不同的算法模型对GeoAgent的影响是不同的，所以一定要仔细分析鉴别。

第三，要注意传统和新兴的碳酸盐岩地区气候变化研究方法的相互促进。从事碳酸盐岩地区气候变化研究的学者如果一直采用的是传统碳酸盐岩研究方法，可能对GeoAgent技术在碳酸盐岩地区气候变化研究中的应用不太熟悉。而主张将GeoAgent技术用于碳酸盐岩地区气候变化研究的学者大多是青年硕士生、博士生，他们对GeoAgent比较熟悉，对传统碳酸盐岩研究方法的了解不够深入。要加强分别擅长这两种方法的学者之间的交流，多鼓励将GeoAgent技术用于碳酸盐岩地区气候变化研究的青年学者，吸引更多的青年学者参与研究。

第四，本研究具有一定的学术门槛，教师或研究者要有一定的耐心。即使是地理信息系统专业的硕士研究生，也不一定能在很短时间内完全掌握利用GeoAgent技术构建碳酸盐岩地区气候变化曲线的方法，作为教师应该耐心地引导学生学习和掌握方法。可以从GeoAgent技术用于碳酸盐岩地区气候变化研究的基本原理入手，先教会学生简单的GeoAgent算法，再让学生自己尝试复杂的算法推导与筛选。学习利用GeoAgent技术构建碳酸盐岩地区气候变化曲线的研究生不一定都是地理信息系统专业的，即使是地理信息系统专业也不一定都擅长编程，所以不一定要强调编程能力，能够使用SCILAB或MATLAB软件实现GeoAgent的算法即可。利用GeoAgent技术构建碳酸盐岩地区气候变化曲线是借助碳酸盐岩样品对应的碳酸盐岩地层来确定气候变化曲线的时间节点的，所以参与研究的研究生最好有一些地质知识基础，至少要了解研究区有哪些碳酸盐岩地层。

六、利用数学方法拟合碳酸盐岩地区气候变化曲线的注意事项

利用石笋等进行的碳酸盐岩地区气候变化研究构建的碳酸盐岩地区气候变化曲线节点一般是比较密集的。利用GeoAgent技术通过碳酸盐岩岩石图像获得的碳酸盐岩地区每个碳酸盐岩地层的碳酸盐岩岩石孔隙度加权平均值或碳酸盐岩岩溶发育速度加权平均值，是很好的气候变化研究指标。但用它们来构建的碳酸盐岩地区气候变化曲线也有很明显的缺点——由于地层数量有限，碳酸盐岩地区气候变化的时间节点也比较有限，无法和利用石笋等获得的碳酸盐岩地区气候变化曲线相比。要使利用GeoAgent技术获得的节点稀疏的碳酸盐岩地区气候变化曲线中的节点变得密集，需要找到可靠的方法。

在计算机图形学领域，利用数学方法对曲线进行拟合是比较常见的手段，因此，对碳酸盐岩地区气候变化曲线进行数学拟合是很重要的研究手段。在对利用GeoAgent技术构建的碳酸盐岩地区气候变化曲线进行数学拟合时，不能违背碳酸盐岩地区气候变化研究的初衷，不能为了拟合而拟合。使用数学方法对碳酸盐岩地区气候变化曲线进行拟合的目的是增加气候变化节点，这种节点的增加不应该改变气候变化曲线的原本趋势。在使用数学方法对碳酸盐岩地区气候变化曲线进行拟合时，即在增加横坐标（时间节点）的同时，也必须考虑该节点的纵坐标值。纵坐标值可以和每个碳酸盐岩地层的碳酸盐岩岩石孔隙度加权平均值或碳酸盐岩岩溶发育速度加权平均值有一定的出入，但用平滑曲线将每个拟合节点连接后，不能改变碳酸盐岩地区气候变化曲线的总趋势。

在曲线拟合时，要坚持等距（等步长）拟合原则，不能采取在横轴上随机拟合的方式。等距拟合原理是将碳酸盐岩地区气候变化曲线上两个碳酸盐岩地层（气候变化节点）之间的横轴进行等分（比如1 000等分），根据两个碳酸盐岩地层的纵坐标值，确定拟合点纵坐标值的分布区间，按照一定算法给每个等分点分配一个在分布区间内的纵坐标值，从而形成拟合点。这样既

可以在保证不改变气候变化曲线趋势的前提下，在两个碳酸盐岩地层之间生成大量拟合点，有效地改变气候变化曲线节点稀疏的情况，也可以保证编程比较容易实现。

本研究主要使用马鞍线曲线算法进行数学拟合，一方面是因为本研究团队比较熟悉马鞍线曲线算法，另一方面是使用其他算法进行拟合后的碳酸盐岩地区气候变化曲线的趋势和原有曲线趋势相比有明显背离，这种背离往往意味着曲线拟合失败，说明其他算法不适用于碳酸盐岩地区气候变化曲线的数学拟合。需要注意的是，这不意味着碳酸盐岩地区气候变化曲线的拟合只能使用马鞍线曲线算法，其他更有效率的曲线拟合算法也可能存在，随着GeoAgent技术在岩溶研究中的应用，可能会发现更多更好的碳酸盐岩地区气候变化曲线拟合算法。

在筛选碳酸盐岩地区气候变化曲线拟合算法时，要注意兼顾研究团队的算法实现能力。如果研究团队的算法编程实现能力比较强，可以多使用开放源代码或开源控件，这样可以极大地提高碳酸盐岩地区气候变化曲线的拟合效率，降低气候变化曲线拟合算法的实现难度，使更多人参与到碳酸盐岩地区气候变化曲线拟合算法的筛选中。

七、利用有穷自动机构建碳酸盐岩地区GeoAgent算法模型的注意事项

利用有穷自动机构建碳酸盐岩地区GeoAgent算法模型时，有穷自动机不要过于复杂。利用GeoAgent技术进行碳酸盐岩研究的人员一般是地理信息系统或地理科学专业，对自然语言形式化的掌握不能和计算机专业的人员相比，自动机属于可以借用的算法模型，因此要尽量将自动机模型简单化。

利用GeoAgent技术进行的碳酸盐岩研究的算法实现往往是地理信息系统专业的硕士或博士来负责的，他们不一定都擅长编程，所以算法不一定都是通过编程的方式来实现的，有可能会借助商业或开源计算软件。有穷自动机作为GeoAgent的算法模型，映射的理解难度应该与多数利用GeoAgent技术进行

碳酸盐岩研究的人员的学术能力匹配。如果不使用编程而是借助MATLAB或SCILAB来实现GeoAgent算法模型，由于没有办法使用开放源代码或开源控件，利用MATLAB或SCILAB实现算法模型实际上并不比编程容易，只是入门的技术门槛要低一些。一些研究人员以为MATLAB的使用比编程简单，在实际运用中才发现它比编程还困难，因此，为了让研究人员能够借助MATLAB或SCILAB来实现算法模型，作为算法模型的有穷自动机不能太复杂，特别是映射不能太复杂，应当尽可能简化。

由于利用GeoAgent技术进行的碳酸盐岩地区气候变化研究需要进行气候变化曲线的拟合，所以在对有穷自动机进行算法模型的优化简化时，必须考虑到和气候变化曲线拟合算法的适配。在碳酸盐岩地区气候变化曲线的两个碳酸盐岩地层(气候变化节点)之间要多少个拟合点才合适，要根据有穷自动机的情况仔细分析，也要考虑现有硬件编程实现时的计算能力。在对有穷自动机进行算法模型的优化简化时，不要显著地改变现有气候变化曲线的趋势，这是有穷自动机算法模型优化简化的重要原则。

所有对有穷自动机算法模型的优化简化都是针对地理信息系统专业的研究生而言的，不需要考虑从未接触过自然语言形式化的研究人员能否掌握，即有穷自动机的算法模型的优化简化是有下限的。不同学校地理信息系统专业的学术型硕士研究生的本科培养课程可能有一定差别，一些学生不会自然语言形式化，需要督促其迅速补上相关知识(自然语言形式化是可以自学的)。

自动机是形式语言课程的重要组成内容，种类有很多，本研究选择有穷自动机作为GeoAgent的算法模型考虑了目前团队成员的实际能力，并不意味着利用GeoAgent技术进行的碳酸盐岩地区气候变化研究一定要选择有穷自动机。如果利用GeoAgent技术进行碳酸盐岩地区气候变化研究的参与者有较好的算法推导能力，可以选择一些更复杂的算法模型。随着GeoAgent技术在碳酸盐岩地区气候变化研究中的应用与发展，本研究团队的人力资源和硬件资源可能会进一步完善，用于碳酸盐岩地区气候变化研究的GeoAgent算法模型也会进一步发展，例如将小波变换分析等研究技术引入GeoAgen算法模型。

八、如何处理与传统碳酸盐岩研究学者的关系

一个新兴的研究技术要得到同行的广泛认可，才有可能得到推广。所以，新兴研究技术的提出者要仔细考虑和同行之间的关系。利用GeoAgent技术进行碳酸盐岩地区气候变化研究，就是新兴的碳酸盐岩研究技术，是比较前沿的岩溶研究手段，需要处理好和传统碳酸盐岩研究学者之间的关系，让传统碳酸盐岩学者理解将GeoAgent技术应用于碳酸盐岩地区碳酸盐岩研究的重要性和可行性。

笔者在学术交流中经常遇到碳酸盐岩研究学者询问GeoAgent是如何将碳酸盐岩的岩石孔隙度计算由立体问题转为平面问题的，如何使用碳酸盐岩的岩石图像获得碳酸盐岩的岩溶发育速度等基本原理问题。有时在非正式场合，有人问GeoAgent技术会不会取代传统碳酸盐岩研究人员，这不是个容易回答的问题。一旦利用GeoAgent技术进行的碳酸盐岩地区碳酸盐岩研究逐渐成熟，很可能会对传统的碳酸盐岩研究手段产生颠覆性的影响，但传统碳酸盐岩研究学者的作用是非常重要的、不可替代的，这一点在和传统碳酸盐岩研究人员交流时，要注意说明。有人会问GeoAgent技术的出现，是否会导致学术资源现状如科研资金申请、分配的改变。这个问题要实事求是地回答，GeoAgent技术需要更多的资金申请来源，但目前主要的经费来源并没有影响到传统碳酸盐岩研究领域。

GeoAgent技术只会帮助传统碳酸盐岩研究人员提高研究效率，目前是无法取代传统碳酸盐岩研究技术的。利用GeoAgent技术进行的碳酸盐岩地区碳酸盐岩研究主要是通过算法推导、图像分析等途径来实现的，研究路径和传统岩溶研究方法有很大的区别。在和传统碳酸盐岩研究学者交流时，应该尽量少谈GeoAgent技术的算法推导，多谈利用GeoAgent技术进行碳酸盐岩地区碳酸盐岩研究的基本原理，争取每次学术交流能让更多的传统碳酸盐岩研究学者理解利用GeoAgent开展研究的基本原理。这些基本原理中，利用碳酸盐岩岩石图像获取碳酸盐岩岩石孔隙度是很重要的部分，相对而言，这部分内容比较容易讲明白和听明白，能通过学术交流让传统碳酸盐岩研究者明白如何用GeoAgent技术获得碳酸盐岩岩石孔隙度就很好了。人各有所长，传统碳酸盐

岩研究学者的长项不一定在GeoAgent的算法推导方面，所以在交流中强调算法推导的讲解，可能会对利用GeoAgent技术进行碳酸盐岩地区碳酸盐岩研究的技术推广起到反作用。所以，在和传统碳酸盐岩研究学者交流时，要仔细设计交流所用的PPT，要仔细推敲报告的时间分配，尽量避免“空对空”的发言。他山之玉，可以攻石，岩溶信息系统的研究人员要多听传统岩溶研究者的报告，想想他们的工作有什么地方是可以用GeoAgent技术来实现的，这是很好的拓展GeoAgent技术在碳酸盐岩地区碳酸盐岩研究范围的途径。

九、本研究方法是否适合其他碳酸盐岩地区借鉴

一个新兴的碳酸盐岩研究技术，不能是仅针对特定碳酸盐岩研究区的研究技术，一定要对其他碳酸盐岩地区研究有推广意义。在特定碳酸盐岩研究区形成的碳酸盐岩研究技术，要在其他碳酸盐岩地区得到重复性验证才能证明是可以推广的技术。

本研究主要针对重庆碳酸盐岩地区进行了基于GeoAgent技术的碳酸盐岩地区气候变化研究。本研究方法是可以用于其他类似碳酸盐岩地区的。本研究利用偏光显微镜和碳酸盐岩岩石玻片采集碳酸盐岩岩石图像，进行碳酸盐岩地区的岩石孔隙度和岩溶发育速度研究，从而得到碳酸盐岩地区的气候变化曲线。这对其他碳酸盐岩地区有很好的借鉴意义。本研究方法具备较高的可重复性，在其他碳酸盐岩地区进行本研究的重复性验证也比较容易。

将本研究方法用于其他碳酸盐岩地区气候变化研究时，需注意以下研究前提。第一，碳酸盐岩地区采集的碳酸盐岩样本对应的碳酸盐岩地层应该是连续的，不能有地层的缺失。第二，碳酸盐岩地层的信息可以通过公开发表的期刊论文或已经公布的工程地质信息收集，不要进行涉密的碳酸盐岩地层研究。第三，部分境外的遥感影像开源网站，有包含地层信息的遥感开源产品，可以作为研究的重要参考。第四，某些碳酸盐岩地区曾经进行过使用传统碳酸盐岩研究方法的相关研究，积累了较多的该碳酸盐岩地区碳酸盐岩岩石孔隙度数据和岩溶发育速度数据，可以将公开发表的研究成果作为GeoAgent算法迭代的目标逼近依据。第五，由于基于GeoAgent的碳酸盐岩地区气候变化

研究，主要依靠对碳酸盐岩偏光显微图像的分析来进行，碳酸盐岩地区应积累足够数量的碳酸盐岩岩石图像(不一定要偏光显微图像，其他岩石显微图像也可以)。第六，研究的碳酸盐岩地区最好不是人类工程活动频繁的区域，以减少人类工程建设行为对碳酸盐岩地区气候变化研究的干扰，尤其要避免出现碳酸盐岩采样点因工程建设不能再进行采样的情况。第七，在使用网上的开放源代码和算法函数时，要注意保留算法或代码的版权声明。对用于碳酸盐岩地区气候变化研究的GeoAgent算法的推导，要注意多人推导和重复验证。第八，在利用GeoAgent技术进行碳酸盐岩地区气候变化研究时，所在的碳酸盐岩地区最好已经有一些已经发表的气候变化研究成果，这些成果最好包含了碳酸盐岩地区或相邻碳酸盐岩地区完整的地质时期的碳酸盐岩气候变化时间节点或地层节点。可以借助这些公开发表的数据建立碳酸盐岩地区气候变化曲线，并与利用碳酸盐岩地区碳酸盐岩岩石孔隙度或岩溶发育速度构建的气候变化曲线进行对比。

利用GeoAgent技术进行的碳酸盐岩地区气候变化研究，对研究者也有一定的要求。第一，研究者要有一定的算法分析能力和编程实现能力。第二，研究者最好有地理信息系统、人工智能等领域的教育背景，人工智能专业的本科学生可以在成为岩溶信息系统方向的学术型硕士研究生后再补学地学知识。就目前岩溶信息系统方向的研究生招生现状来看，该方向非常受人工智能、计算机网络等方向的本科生欢迎。

十、GeoAgent技术对传统碳酸盐岩研究的影响

一个新兴的研究技术，可能在短时间内对传统研究技术有一定冲击，但从长远来看，新兴技术能够推动传统研究技术进一步发展，并不会成为传统研究技术的威胁。GeoAgent技术在碳酸盐岩研究中的应用也会促进传统碳酸盐岩研究的发展。就目前的技术应用情况而言，即使是最前沿的GeoAgent研究成果，也需要有明确的、准确的目标逼近值进行GeoAgent的算法迭代，做不到完全依靠GeoAgent算法的自我迭代，还必须依靠碳酸盐岩研究学者对GeoAgent

的算法迭代进行干预。从长远看,具备自我算法迭代能力的GeoAgent应该具备自我研究能力,即具有自我代码编写与修改的能力。但目前人工智能软件编写的碳酸盐岩研究代码都需要研究者人工干预,至少现在还不能取代传统岩溶研究学者的工作。

GeoAgent技术在碳酸盐岩地区碳酸盐岩研究中的应用,可以极大地提高传统碳酸盐岩研究的效率,对部分传统研究工作可以起到良好的促进作用。比如碳酸盐岩地区部分研究指标的计算,借助GeoAgent可以很有效率地得到结果。对于碳酸盐岩岩石孔隙度、岩溶发育速度等指标的获取途径而言,GeoAgent提供了全新的获取途径,明显比传统碳酸盐岩研究方法更有效率,可以有效地促进传统碳酸盐岩研究的发展,拓展碳酸盐岩岩溶研究和其他学科的交叉研究领域。

就像早期计算机科学技术进入碳酸盐岩研究领域一样,很多碳酸盐岩研究的科研工作逐步借助计算机来实现,现在计算机已经成为碳酸盐岩研究中不可缺少的设备。随着GeoAgent技术在碳酸盐岩地区碳酸盐岩研究中的应用,GeoAgent可能会像计算机技术一样,成为碳酸盐岩地区碳酸盐岩研究中不可缺少的工具。

第六章 研究特色与结论

一、研究特色

以往的碳酸盐岩地区气候变化研究,主要将石笋等作为研究依据,获得研究样本的难度大,研究成本比较高,研究周期也比较长。本研究利用GeoAgent技术进行碳酸盐岩地区气候变化研究,以有穷自动机构建碳酸盐岩地区GeoAgent模型,以有穷自动机的图像分析得到碳酸盐岩地区碳酸盐岩的岩石孔隙度,成功地将碳酸盐岩岩石孔隙度的计算由三维立体问题转为二维图像分析问题,这是碳酸盐岩地区碳酸盐岩研究手段的重要创新,也是GeoAgent应用领域的重要拓展。和以石笋等为依据的碳酸盐岩地区气候变化研究相比,本研究使用的碳酸盐岩岩石图像的获取难度明显更低,研究成本更低,研究周期也短得多,具有明显的优势,值得推广。

本研究主要通过利用GeoAgent技术得到的碳酸盐岩岩石孔隙度和岩溶发育速度构建碳酸盐岩地区气候变化曲线,实现在碳酸盐岩岩石孔隙度和岩溶发育速度的获取手段上的重要创新。和传统碳酸盐岩研究方法相比,本研究通过GeoAgent技术得到碳酸盐岩岩石孔隙度和岩溶发育速度,明显效率更高,研究成本更低,研究周期更短。为了通过GeoAgent技术得到碳酸盐岩岩石孔隙度和岩溶发育速度,本研究在GeoAgent的算法模型上进行了一定创新,选择有穷自动机作为GeoAgent的算法模型,有效降低了GeoAgent在碳酸盐岩地区气候变化研究中的应用难度。在通过有穷自动机得到碳酸盐岩地区的碳酸盐岩岩石孔隙度之后,可以利用有穷自动机得到碳酸盐岩的岩溶发育速度,这是全新的碳酸盐岩地区碳酸盐岩岩溶发育速度的研究手段。

有穷自动机是形式语言的重要组成部分,将有穷自动机应用于碳酸盐岩地区碳酸盐岩研究,是有穷自动机应用的重要创新,这意味着形式语言可以直接用于碳酸盐岩地区碳酸盐岩指标的具体计算,也意味着碳酸盐岩地区碳酸盐岩研究中的自然语言在自然语言形式化处理后,可以得到定量的研究结果。

本研究将TCRM研究结果作为GeoAgent的有穷自动机模型算法迭代的目标逼近值,以目标逼近的方式完成GeoAgent的算法迭代,容易重复也比较容易获得其他碳酸盐岩研究人员的信任。为解决利用GeoAgent技术得到的碳酸盐岩地区碳酸盐岩地层节点数量稀少的问题，本研究利用数学方法对碳酸盐岩的岩石孔隙度加权平均值和岩溶发育速度加权平均值进行拟合。本研究以公开发表的碳酸盐岩地区气候变化数据构建气候变化曲线标准值，将利用GeoAgent技术得到的碳酸盐岩地区气候变化曲线在数学拟合时向曲线标准值逼近。在不影响碳酸盐岩地区气候变化曲线趋势的前提下，对碳酸盐岩地区气候变化曲线进行拟合，是比较容易重复也比较容易得到其他碳酸盐岩研究人员认可的曲线拟合方法。

在对利用GeoAgent技术得到的碳酸盐岩地区气候变化曲线进行拟合时，本研究使用马鞍线曲线算法作为气候变化曲线的数学拟合算法，取得了比较理想的拟合效果。本研究以研究区及其相邻地区的目前已公开发表研究成果中的气候变化数据为可信值，构建研究区气候变化曲线，取得了良好的气候变化教学效果。本研究还发现，在GeoAgent的算法迭代与实现时，不一定要完全通过编程实现，使用MATLAB或SCILAB也可以比较理想地进行GeoAgent的算法迭代与实现。

二、研究结论

碳酸盐岩地区气候变化研究的方法有很多，本研究表明，碳酸盐岩地区是可以借助GeoAgent技术进行气候变化研究的。和石笋、岩溶沉积物一样，在碳酸盐岩地区采集的碳酸盐岩岩石偏光显微图像是很好的碳酸盐岩地区气候变化研究的依据。和石笋等研究依据相比，碳酸盐岩岩石图像在碳酸盐岩地区气候变化研究中有明显的优势，值得深入研究。在利用碳酸盐岩岩石偏光显微图像进行碳酸盐岩地区气候变化研究时，GeoAgent技术是很好的研究工具。

应用GeoAgent技术，要先确定合适的算法模型，即要找到适用于碳酸盐岩地区气候变化研究的算法模型。在众多的算法模型中，有穷自动机是很好的应用于碳酸盐岩地区气候变化研究的GeoAgent算法模型。由于有穷自动机与形式语言的紧密联系，在碳酸盐岩地区使用GeoAgent技术进行气候变化研究时,自然语言的形式化有着广泛的应用前景。在确定GeoAgent算法模型后,可以通过与TCRM研究结果进行对比分析,以GeoAgent算法迭代的方式得到碳酸盐岩的岩石孔隙度和岩溶发育速度,将其作为构建碳酸盐岩地区气候变化曲线的基础,得到基于碳酸盐岩岩石孔隙度和岩溶发育速度的气候变化曲线。以新兴研究方法得到的碳酸盐岩地区气候变化曲线,需要验证其准确性。可以借助已经发表的碳酸盐岩地区气候变化研究论文中的数据,如基于石笋、岩溶沉积物等的研究数据,构建基于公开发表数据的碳酸盐岩地区气候变化曲线,它是利用GeoAgent技术进行碳酸盐岩地区气候变化研究的重要参考,可以以此来验证利用GeoAgent技术得到的碳酸盐岩岩石孔隙度或岩溶发育速度构建的碳酸盐岩地区气候变化曲线是否准确。

利用GeoAgent技术分析在碳酸盐岩地区采集的碳酸盐岩样品的岩石偏光显微图像得到的碳酸盐岩岩石孔隙度和岩溶发育速度,是很好的碳酸盐岩地区气候变化曲线的构建指标。所以,通过相同碳酸盐岩地层碳酸盐岩样品的岩石孔隙度和岩溶发育速度,可以以加权平均的方式得到每个碳酸盐岩地层节点的气候变化指标值。由于碳酸盐岩地区碳酸盐岩地层的数量是有限的,所以利用GeoAgent技术得到的碳酸盐岩地区气候变化曲线需要借助数学方法进行拟合,不然气候变化曲线的节点数量太少。

在筛选碳酸盐岩地区气候变化曲线的数学拟合算法时,我们发现马鞍线曲线算法是拟合效果比较理想的算法。碳酸盐岩地区一般都进行了地层分布调查,有的碳酸盐岩地区建立了CERP,这些已有的数据很好地支持了GeoAgent技术在碳酸盐岩地区气候变化研究中的应用。

由于碳酸盐岩岩石偏光显微图像主要通过偏光显微镜和碳酸盐岩岩石玻片获得,而碳酸盐岩岩石玻片的获取成本要比传统碳酸盐岩研究方法的成本低得多,因此,使用GeoAgent技术进行的碳酸盐岩地区气候变化研究对研究经费的要求比传统碳酸盐岩研究方法低得多。由于使用GeoAgent技术进行的碳酸盐岩地区气候变化研究比传统碳酸盐岩研究方法更快,因此研究周期也更短。由于碳酸盐岩岩石玻片的获取难度也比传统碳酸盐岩研究方法小得多,所以,利用GeoAgent技术进行的碳酸盐岩地区气候变化研究,比以石笋、岩溶沉积物等为研究依据的方法更容易推广。由于获得碳酸盐岩岩石图像的设备价格相对比较合适,所以,利用GeoAgent技术进行碳酸盐岩地区气候变化研究在国内高校和研究机构中是比较容易普及和重复验证的。

主要参考文献

[1]ZENG S B, LIU Z H, KAUFMANN G. Sensitivity of the global carbonate weathering carbon-sink flux to climate and land-use changes[J]. Nature communications, 2019, 10:5749.

[2]张振球,张伟宏,刘树双,等.贵州石笋记录的中晚全新世东亚夏季风变化[J].沉积学报,2023,41(1):196-205.

[3]翟秀敏,孔兴功,张远海,等.陕西地洞河高分辨率石笋记录的DO18季风增强事件[J].第四纪研究,2020,40(4):886-897.

[4]杨少华,陈仕涛,汪永进,等.基于EEMD方法的全新世亚洲季风石笋氧碳同位素对比研究[J].地理研究,2017,36(8):1455-1466.

[5]张伟宏,张振球,陈剑舜,等.末次冰盛期东亚夏季风变化的重庆石笋记录[J].第四纪研究,2020,40(4):918-925.

[6]王丽,汪勇,王建力.岩溶沉积物的古气候记录研究[J].热带地理,2004,24(1):1-5.

[7]任增莹,吴攀,曹星星.贵州威宁麻窝山岩溶盆地沉积物中粘土矿物特征及其古气候指示意义[J].沉积与特提斯地质,2016,36(1):70-76.

[8]韦若梅,杨小强,张玲,等.广西八仙天池表层沉积物中磁性矿物源-汇过程探讨[J].中山大学学报(自然科学版),2021,60(4):76-89.

[9]陈碧辉,李跃清,何光碧,等.温室气体源汇及其对气候影响的研究进展[J].成都信息工程学院学报,2006,21(1):123-127.

[10]杨文莉,仲钰天,辛浩,等.安徽巢湖凤凰山晚古生代大冰期沉积特征与碳同位素变化[J].地层学杂志,2021,45(1):38-48.

[11]李汇文,王世杰,白晓永,等.气候变化及生态恢复对喀斯特槽谷碳酸盐岩风化碳汇的影响评估[J].生态学报,2019,39(16):6158-6172.

[12]张威,马瑞丰,刘亮,等.辽东半岛全新世沉积物记录的古气候变化研究进展[J].沉积学报,2022,40(5):1355-1366.

[13]王玲,刘海隆.重庆岩溶区气候变化对水文水资源的影响[J].水文,2007,27(3):71-74.

[14]舒强,萧家仪,张茂恒,等.苏北盆地末次间冰期以来的气候变化记录[J].地质科技情报,2008,27(5):59-64.

[15]程瑜,李向前,赵增玉,等.苏北盆地TZK9孔磁性地层及重矿物组合特征研究[J].地质力学学报,2016,22(4):994-1003.

[16]董少群,曾联波,杜相仪,等.致密碳酸盐岩储集层裂缝智能预测方法[J].石油勘探与开发,2022,49(6):1179-1189.

[17]曾丽丽,孟凡月,汤华贝,等.基于注意力机制的碳酸盐岩储层岩相识别方法[J].测井技术,2022,46(3):294-303.

[18]罗发强,刘景涛,陈修平,等.基于BP和LSTM神经网络的顺北油田5号断裂带地层孔隙压力智能预测方法[J].石油钻采工艺,2022,44(4):506-514.

[19]赵华伟,段太忠,刘彦锋,等.基于细胞自动机的碳酸盐岩沉积模拟[J].重庆科技学院学报(自然科学版),2019,21(2):37-43.

[20]岳文正,陶果,崔冬子,等.碳酸盐岩岩电特性数字岩心仿真[J].山东科技大学学报(自然科学版),2011,30(3):7-11.

[21]VAN HENGSTUM P J, CRESSWELL J N, MILNE G A, et al. Development of anchialine cave habitats and karst subterranean estuaries since the last ice age[J]. Scientific reports, 2019, 9: 11907.

[22]ČEJKA T, TRNKA M, KRUSIC P J, et al. Predicted climate change will increase the truffle cultivation potential in central Europe[J]. Scientific reports, 2020, 10: 21281.

[23]HOMANN J, OSTER J L, DE WET C B, et al. Linked fire activity and climate whiplash in California during the early Holocene[J]. Nature communications, 2022, 13:7175.

[24]TREBLE P C, BAKER A, ABRAM N J, et al. Ubiquitous karst hydrological control on speleothem oxygen isotope variability in a global study[J]. Communications earth & environment 2022, 3:29.

[25]WRIGHT K T, JOHNSON K R, MARKS G S, et al. Dynamic and thermodynamic influences on precipitation in Northeast Mexico on orbital to millennial timescales[J]. Nature communications , 2023, 14:2279.

[26]JAQUETO P, TRINDADE R I F, TERRA-NOVA F, et al. Stalagmite paleomagnetic record of a quiet mid-to-late Holocene field activity in central South America[J]. Nature communications , 2022, 13:1349.

[27]BAKER A, HELLSTROM J C, KELLY B F J, et al. A composite annual-resolution stalagmite record of North Atlantic climate over the last three millennia [J]. Scientific reports, 2015, 5:10307.

[28]COLUMBU A, CHIARINI V, SPÖTL C, et al. Speleothem record attests to stable environmental conditions during Neanderthal-modern human turnover in southern Italy[J]. Nature ecology & evolution, 2020, 4:1188-1195.

[29]WOODHEAD J D, SNIDERMAN J M K, HELLSTROM J, et al. The antiquity of Nullarbor speleothems and implications for karst palaeoclimate archives[J]. Scientific reports, 2019, 9:603.

[30]AYLIFFE L K, GAGAN M K, ZHAO J X, et al. Rapid interhemispheric climate links *via* the Australasian monsoon during the last deglaciation[J]. Nature communications, 2013, 4:2908.

[31]SÁNCHEZ-FERNÁNDEZ D, GALASSI D M P, JUDSON WYNNE J, et al. Don't forget subterranean ecosystems in climate change agendas[J]. Nature climate change, 2021, 11:458-459.

[32]HUGUET C, ROUTH J, FIETZ S, et al. Temperature and Monsoon Tango in a Tropical Stalagmite: Last Glacial-Interglacial Climate Dynamics[J]. Scientific

reports ,2018,8:5386.

[33]SINHA A, KATHAYAT G, CHENG H, et al. Trends and oscillations in the Indian summer monsoon rainfall over the last two millennia[J]. Nature communications,2015,6:6309.

[34]WARING C L, HANKIN S I, GRIFFITH D W T, et al. Seasonal total methane depletion in limestone caves[J]. Scientific reports,2017,7:8314.

[35]SPÖTL C, JAROSCH A H, SAXER A, et al. Thermoelasticity of ice explains widespread damage in dripstone caves during glacial periods[J]. Scientific reports,2023,13:7407.

[36]OVERPECK J T, PETERSON L C, KIPP N, et al. Climate change in the circum-North Atlantic region during the last deglaciation[J]. Nature, 1989, 338: 553-557.

[37]MAHDIAN M, HOSSEINZADEH M, SIADATMOUSAVI S M, et al. Modelling impacts of climate change and anthropogenic activities on inflows and sediment loads of wetlands: case study of the Anzali wetland[J]. Scientific reports, 2023,13:5399.

[38]PILLET M, GOETTSCH B, MEROW C, et al. Elevated extinction risk of cacti under climate change[J]. Nature plants,2022,8:366-372.

[39]OUTHWAITE C L, MCCANN P, NEWBOLD T. Agriculture and climate change are reshaping insect biodiversity worldwide[J]. Nature,2022,605:97-102.

[40]BLATTERT C, MÖNKKÖNEN M, BURGAS D, et al. Climate targets in European timber-producing countries conflict with goals on forest ecosystem services and biodiversity[J]. Communications earth & environment,2023,4:119.